编程趣味学 Scratch 3.0

赵宇 李京 编著

梦堡文化 绘

化学工业出版社

·北京·

内容简介

从学生的认知能力、思维能力提升的刚性需求出发，融合中国传统文化，结合有趣的漫画故事，引入编程思想，特出版系列图书：《编程初体验：思维启蒙》《编程轻松学：ScratchJr》《编程趣味学：Scratch3.0》和《编程创新应用：从创客到人工智能》。每本书内容自成体系，相对独立，之间又有内在联系，层次分明，内容形式新颖，能够激发学生的逻辑思维和创新思维，从而提升各学科的学习能力。

《编程趣味学：Scratch3.0》全书分为上、下两篇，通过13个任务和3个小游戏制作，生动有趣地介绍了Scratch3.0的应用。文中还穿插介绍了列表、触发器、计数器等计算机专业知识，寓教于乐，让小读者玩中学，学中体验，是本不错的编程启蒙书。

图书在版编目（CIP）数据

编程趣味学：Scratch3.0 / 赵宇，李京编著；梦堡文化绘. —北京：化学工业出版社，2023.12

ISBN 978-7-122-44280-2

Ⅰ.①编… Ⅱ.①赵… ②李… ③梦… Ⅲ.①程序设计-青少年读物 Ⅳ.①TP311.1-49

中国国家版本馆CIP数据核字（2023）第189953号

责任编辑：周　红　曾　越　雷桐辉　王清颢　　　装帧设计：梧桐影

责任校对：王　静

出版发行：化学工业出版社

（北京市东城区青年湖南街13号　邮政编码100011）

印　　装：北京宝隆世纪印刷有限公司

787mm × 1092mm　1/16　印张 6¾　字数99千字

2024年1月北京第1版第1次印刷

购书咨询：010-64518888　　　售后服务：010-64518899

网　　址：http://www.cip.com.cn

凡购买本书，如有缺损质量问题，本社销售中心负责调换。

定　　价：59.80元

写给同学们的一封信

哲学家康德有句名言：“人为自然立法。”这句话的意思并非唯心地说人的意志主宰了自然，而是说人的理性智慧与自然形成“共振”，从而认识世界并掌握规律。人类对所掌握的规律进行排列组合，制造出各种生产工具和生活器具，最终对我们的生产生活产生巨大的影响。

我们对所掌握的规律进行排列组合从而达到某种目的的过程，其实就是“编程”。不论是炒菜做饭，还是操场上踢足球，其实都在大脑里发生着“编程”的过程：炒菜对应着开火、倒油、放菜、翻炒、放调料、出锅等环节和相应的时间、火候等；踢足球则对应着判断足球位置、跑动、摆腿、踢球等基本环节的排列组合。

今天，随着计算机技术的快速发展，我们可以利用编程让计算机控制各种执行机构帮助人们完成许多工作，特别是人工智能技术的突破使得机器人的能力大大提升，机器人将会在生产和生活中成为人类越来越重要的帮手。2017年7月，国务院发布的《新一代人工智能发展规划》明确提出“在中小学阶段设置人工智能相关课程，逐步推广编程教育，鼓励社会力量参与寓教于乐的编程教学软件、游戏的开发和推广”。掌握机器人的基础知识和编程的基本技能也成为当代青少年必要的素养，人工智能与编程学习风潮也正在我国大地上形成火热局面。

如何有效有序地学习编程，打好人工智能学习之路的基础，需要好玩有趣，容易上手，知识点讲解有层次清晰的任务和教学导入、教学总结的课程指导书，本系列图书也就应运而生。在本系列图书里，你将了解到编程概念，用漫画故事的形式学习算法概念，之后使用图形化编程工具和Python学习编程基础，最后再通过漫画科普故事的方式了解人工智能应用原理。通过这些工具的学习，你可以循序渐进地了解和掌握编程知识与技能，然后就可以通过程序与硬件的配合体验到物理世界和软件世界的有趣交互。

希望你好好吸收本系列图书的知识营养，在学习过程中勤于思考，尽情发挥你的创意，将你的灵感通过编程付诸实践，然后和全世界的小伙伴们进行探索、分享、创作！

独乐乐，与人乐乐，孰乐？不若与人；与少乐乐，与众乐乐，孰乐？不若与众。你，准备好了吗？让我们一起来吧！

2019年十大科学传播人物　陈征

2023年8月北京寄语

目录

登场人物

姓名：美美

年龄：7岁

家里的“十万个为什么”，喜欢追着哥哥问各种问题，以前喜欢玩手机游戏，现在她更喜欢向哥哥学习如何自己编写游戏啦！

姓名：聪聪

年龄：12岁

编程小达人，机器人爱好者，喜欢编写各种程序控制他的智能机器人和无人机，参加过很多比赛。

姓名：旺旺

年龄：1岁

喜欢骨头，喜欢玩耍，喜欢看美美和聪聪在玩什么，要跟着一起玩！

上篇 Scratch3.0入门

02

第1个任务：下载并安装Scratch3.0

美美 哥哥，你的计算机上也有这个小猫的编程软件呀？

聪聪 是的，不过它并不是和我们刚学过的ScratchJr完全一样的软件，它叫Scratch3.0，比平板电脑上的ScratchJr要复杂一点。你想学吗？

美美 想！

聪聪 好，那我先教你如何下载和安装这个软件哦！我们以离线电脑版Scratch3.0软件为例。

Step1： 打开Scratch3.0的官方网站，根据你的计算机操作系统版本选择相应的软件版本，然后进行下载。

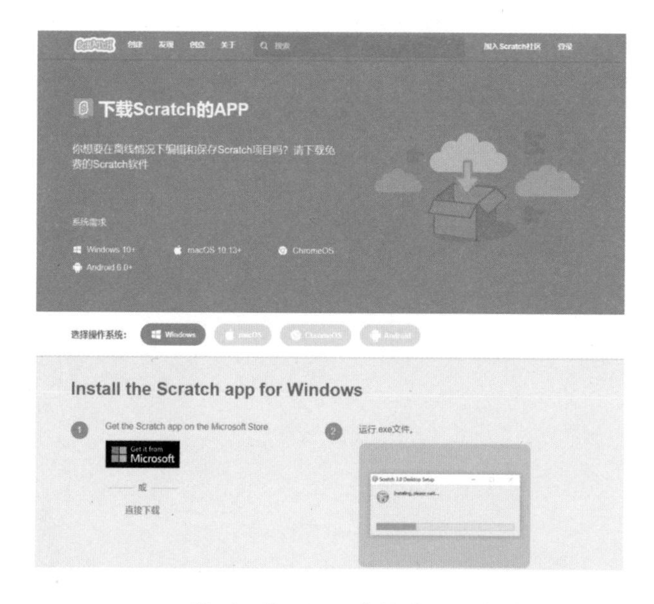

不确定自己计算机的操作系统是什么？可以问问爸爸妈妈哦。

Step2： 下载完成后，我们打开安装程序。以Windows系统为例，会出现打开文件的安全警告，因为我们的文件是从官方网站下载的，不会有病毒，所以我们选择“运行”就可以了。

Step3：在选择“运行”后，会出现一个安装选项的窗口，一般的家用计算机选择“仅为我安装”就可以，然后点击“安装”按钮。

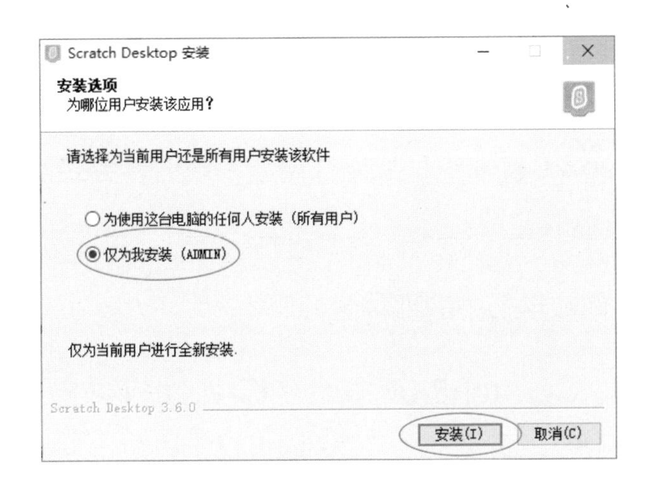

Step4：屏幕上会出现正在安装的界面，我们安心等待1～2分钟，安装就完成了。

Step5：安装完成后，会弹出完成安装的对话框，我们选择“完成”，这样就安装完毕啦！“运行Scratch Desktop”这个选项系统是默认勾选的，所以我们在点击“完成”后，软件会直接打开哦。

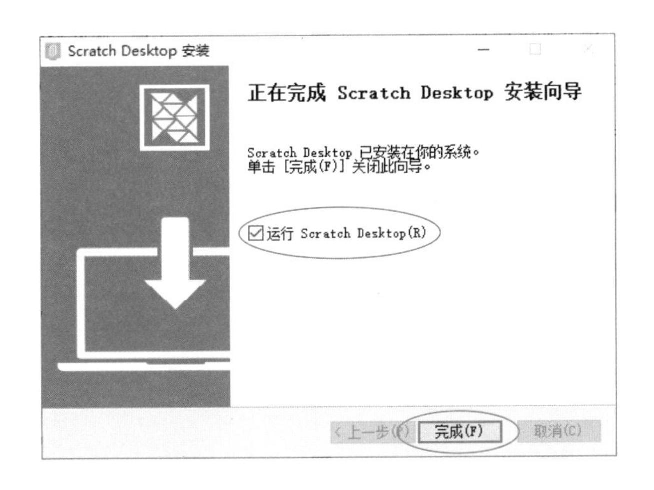

聪聪 在我们计算机的桌面上，会多一个这样的图标，我们以后可以通过双击这个图标来打开软件哦。

第2个任务：坐标是什么

聪聪 在Scratch3.0软件中，我们在设计游戏时，会经常用到坐标，我们用坐标来确定角色的位置。

美美 哥哥，是你数学书中的那种坐标吗？

聪聪 差不多吧。Scratch3.0的舞台坐标中，水平方向为x，垂直方向为y。舞台的宽是480，高是360。舞台坐标表示为（x,y），舞台中心的坐标是（0,0）。

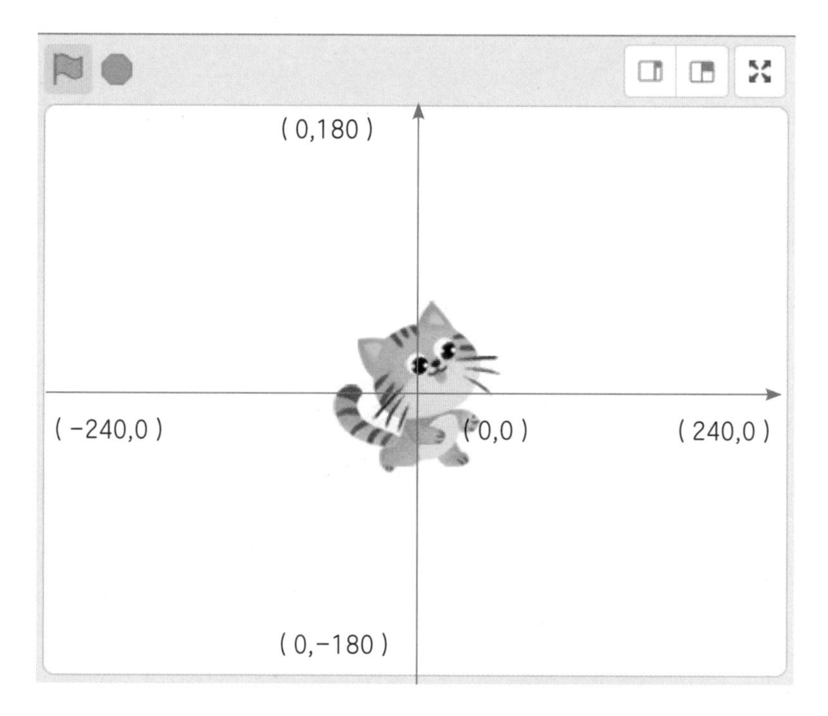

美美 上图中的小猫在舞台中间，坐标位置是多少呢？

聪聪 舞台的中央，坐标是（0,0），小猫的坐标位置就是（0,0）。

美美 可是，小猫这么大，我怎么能看出来它以哪个位置作为坐标位置点呢?

聪聪 Scratch3.0软件会默认将角色当作一个点，以角色造型的中心点作为它整体的坐标。我们可以直接拖动角色来改变位置，也可以通过更改坐标的数字来改变角色在舞台中的位置。

美美 我要拖动小猫，改变它在舞台中的位置。

聪聪 看，你拖动小猫，改变了它在舞台中的位置，它现在的坐标变成了（−21，70）。

美美 这些数字是什么单位呢?

聪聪 这些数字只是代表角色在舞台中的相对位置，而不是厘米、毫米、像素等任何计量单位哦。

第3个任务：图解Scratch3.0主界面

①选择默认语言

界面左上角第1个地球形状的图标是“选择默认语言”，应该选择“简体中文”。

⑦代码块工具箱

代码区中的所有代码块工具箱的功能详见第9页。

⑥代码基本操作

将代码块工具箱中的代码块拖入编辑区进行编程。如果代码块较多，超出了代码区的范围，可以拖动编辑区右侧和下方的滚动条来查看其他的代码块。在编辑区的任意空白区域点击鼠标右键，会弹出一个菜单，可以对编辑区内的代码块进行“撤销”“重做”“整理积木”“添加注释”“删除积木”的操作。当然，也可以将已经在编辑区的代码块选中后拖回代码块工具箱内，进行“删除”处理。

⑤编辑区基本操作

在编辑区可以编辑角色，当选中某一个角色后，在编辑区右上角会有一个被选中角色的半透明图像，这个时候选择左上角的造型选项卡，就可以对这个角色的造型进行编辑了。

⑩修改角色名称

点击这个框，修改角色名称。

⑪角色显示和隐藏

这里控制角色是否显示，左边是显示，右边是隐藏。

② 舞台区

编程后的最终效果都可以通过舞台区来展现，通过左上角的绿旗和红色多边形控制按钮，可以控制编写的程序，让它开始运行和结束运行。

③ 背景区

背景区会显示添加的背景，选中背景后，可以在中间区域进行修改或者编写对应的代码。

⑬ 方向的改变方法

点击方向中的数值时会出现圆形菜单，拖动箭头方向或者改变数值可以改变角色方向。在拖动箭头方向时，舞台区上的角色会随着我们的调节而变化。但是当使用输入数值的方式时，在输入完成后需要按回车键或者鼠标单击方向数值区域以外的位置，舞台上的角色造型才会根据输入的数值变化。

⑭ 旋转的规则

在选择不旋转时，无论怎样改变方向的数值，角色的方向都不会改变。在选择左右翻转时，调节的数值在0～180时，角色方向不会改变；在-180～0时，角色会水平翻转，也就是朝向相反的方向翻转。只有在选择任意旋转时，角色才会出现任意角度的旋转。

④ 角色区

角色区显示所有添加的角色，可以选中某一角色并对选中角色编写代码。

⑨ 角色位置

这是角色的位置坐标，以x轴和y轴的数字来显示。

⑫ 角色大小

这里控制角色的大小。

⑧ 角色方向

这里更改角色的方向。

第4个任务：熟悉代码块工具箱

聪聪 你记不记得在使用平板电脑学习ScratchJr的时候，我们使用过角色和背景？

美美 记得呀！那在Scratch3.0里面有它们吗？

聪聪 也有的。而且，舞台背景和角色使用的代码块属于不同的代码块工具箱哦。

角色的代码块工具箱

Step1：

聪聪 点击界面右侧的角色框，这个角色的边界会变成蓝色，这样就说明它被选中啦。

Step2：

聪聪 这时候，左边的代码块工具箱会显示用于角色的各种代码。我们再来看主界面的左上角，这里有3个选项卡——代码、造型、声音，分别可以控制角色的动作，改变它的造型，添加和更改它的声音效果。代码块工具箱分为运动、外观、声音、事件、控制、侦测、运算、变量以及自制积木这9个部分。

美美 这些代码块工具箱都有什么功能呢？

聪聪 我们一组一组来看。

①运动代码块工具箱：

控制角色的位置和方向变化，如左转30°、移到随机位置等。

②外观代码块工具箱：

控制角色造型的改变，如显示或隐藏、弹出对话框等。

③声音代码块工具箱：

调节或添加声音，如播放声音、清除声效等。

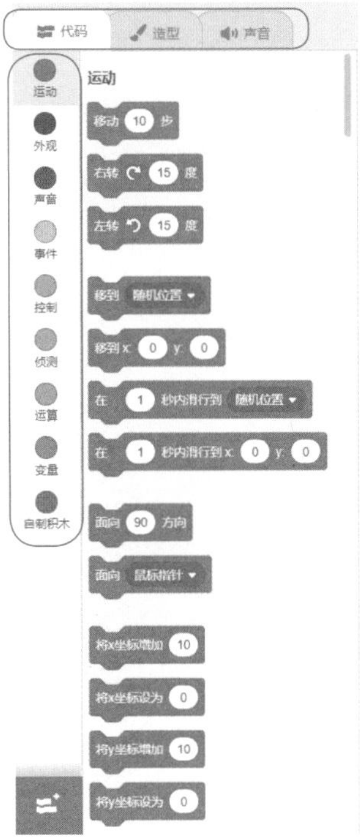

④事件代码块工具箱：

检测到预先设定的事件后，让代码运行，如当绿旗被点击、当舞台被点击等。

⑤控制代码块工具箱：

控制程序等待和代码块执行条件，如等待1秒、重复执行等。

⑥侦测代码块工具箱：

侦测某一项外部数据，如响度、计时器等。

⑦运算代码块工具箱：

数字运算和逻辑运算，如几加几、某一事项不成立等。

⑧变量代码块工具箱：

自己设置的辅助代码运行的逻辑值，可以是数字也可以是文字。

⑨自制积木代码块工具箱：

需要重新定义组合，将组合后的一串代码块转换成一个专用的代码块。

让小猫说话

聪聪 在ScratchJr里面，我们学过一个点击绿旗时开始的积木，你还记得吗？

美美 记得，长这样！

聪聪 在Scratch3.0里面也有这样的触发按钮哦，它变成了文字和图片的组合。“当运行按钮被点击”这个代码块里的运行按钮变成了运行按钮的图像。为了更直观地体现这个代码块，我们在后文中都会称之为“当绿旗被点击”，这个其实是当运行按钮被点击的意思。我们先把它拖动到编辑区。

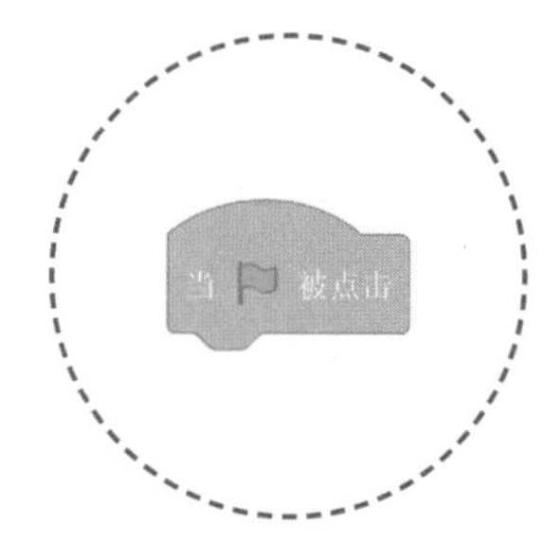

美美 在ScratchJr里面，我们把下一个积木块放在它后面。Scratch3.0也是这样，下一个积木块放在它后面吗？

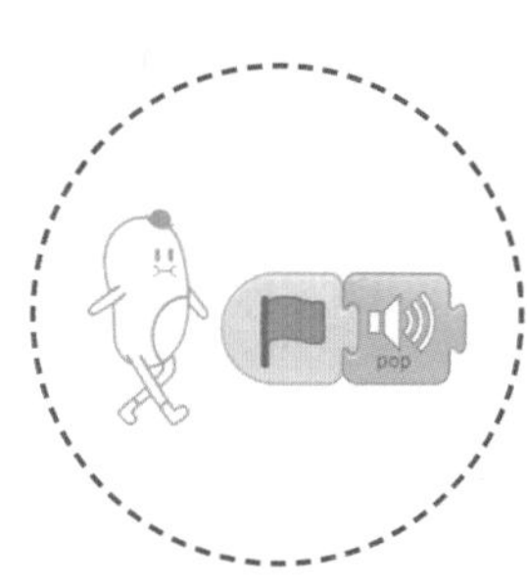

聪聪 在Scratch3.0里面，下一个代码块不放在“当绿旗被点击”后面了，而是在下面。你看代码块的凸起和凹陷都是在上、下方向的哦。同理，拖动其他的代码块靠近当前代码块并与它连接。

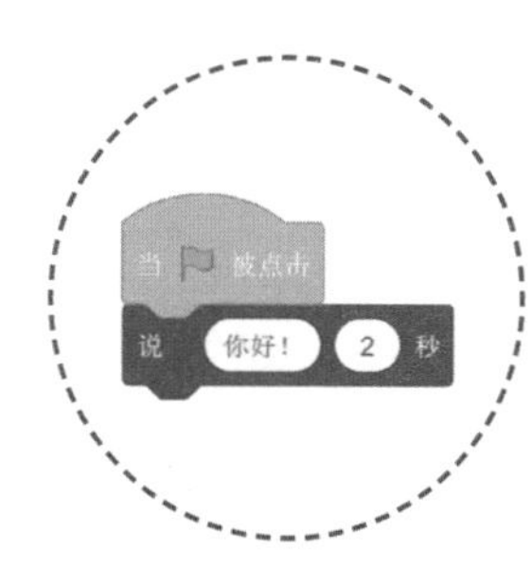

美美 这个紫色的代码块是什么意思呢？它在哪里呢？

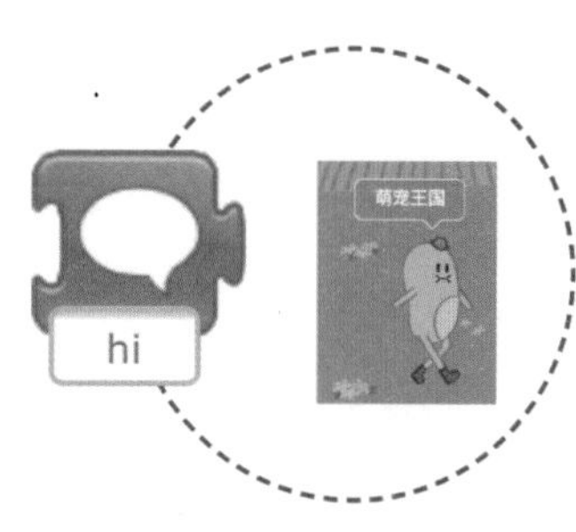

聪聪 它在外观代码块工具箱里。你还记得ScratchJr里面有一个用文字泡说话的积木吗？

美美 记得呀，那Scratch3.0里面这个紫色的代码块和文字泡的功能一样吗?

聪聪 是类似的。这个“说”代码块可以让你的角色用文字泡的形式显示它“说的话”。现在的内容是“你好！”，这个内容是可以修改的。后面的“2秒”控制这个文字泡显示的时长，这个数字也是可以修改的。

美美 我想让小猫说更多的话，它能继续说吗?

聪聪 可以的，继续拖动“说”代码块，连接在下面就可以了。修改对话框内的文字和时间。我们再点击运行按钮后就可以看到小猫在说：“你好！”。2秒后，接着说了：“我叫小猫”，时间为1秒，然后程序结束，对话框消失。Scratch3.0在运行我们编写的代码时，会按照代码块组合从上到下的顺序依次运行。

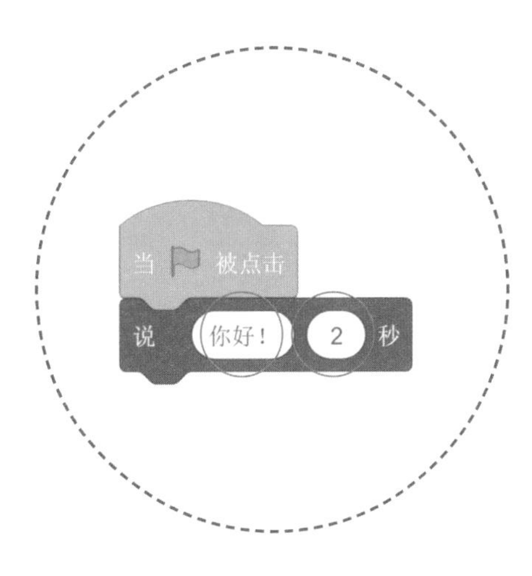

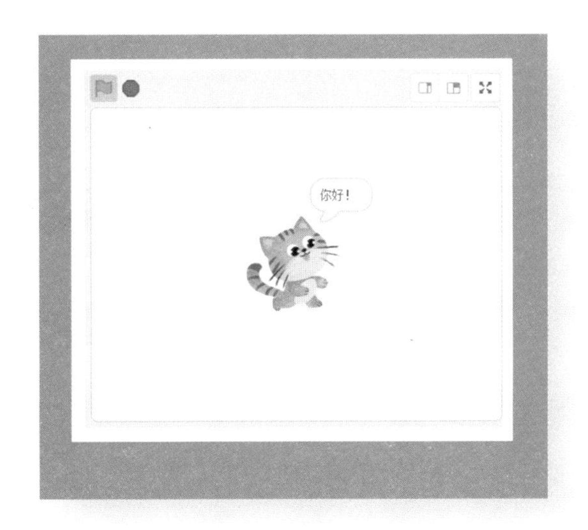

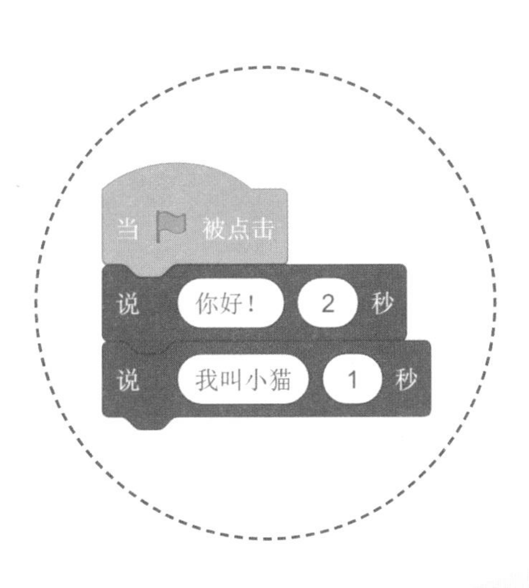

第5个任务：添加角色和设置背景

聪聪 现在我们已经认识了Scratch3.0这款软件的界面和基本功能了，接下来，我们就可以带着角色小宠物开始我们的奇妙旅程啦！

美美 我看到舞台上已经有了小猫角色了！

聪聪 没错，和ScratchJr一样，小猫角色是默认的，打开以后它会自动出来。纯白色的背景也是默认的。

美美 哦，我想换一个更有趣的角色，可是我没有找到ScratchJr里面那种加号。在Scratch3.0里面，怎么添加新的角色呢？

点击按钮

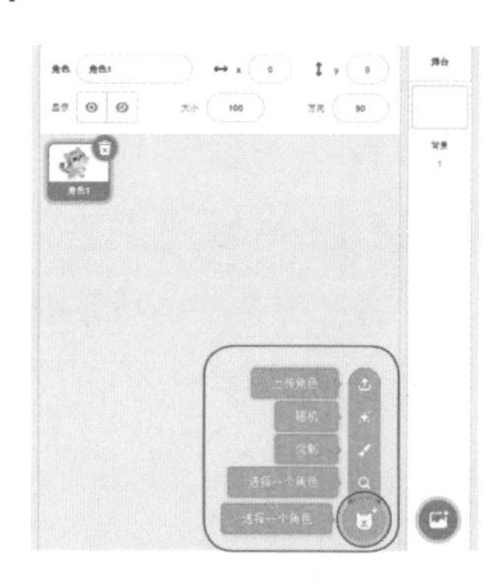

我们将鼠标移动到右下角一个类似“猫脸”的按钮上，这时候会弹出一个菜单，里面有4个选项，我们把这个“猫脸”按钮叫作“选择一个角色”。这4个选项从上到下分别是上传角色、随机、绘制和选择一个角色。

添加角色

美美 这4种方式有什么不一样呢？

聪聪 我们一个一个地来试一试吧。

Step1：上传角色

使用上传角色功能可以把电脑里的一张图片上传到Scratch3.0软件里面，作为属于我们自己的角色来使用。点击“上传角色”按钮后，找到你想使用的本地图片，然后点击“打开”按钮。我们以一张小脸的图片为例，你看，图片出现在舞台上啦！在下方角色区，也出现了添加的角色。

美美 可是，默认的小猫角色没有消失呀，但是在舞台上却看不到它了。这是怎么回事呢？

聪聪 你慢慢拖动新添加的这个小脸角色，改变它在舞台的位置，你会发现藏在后面的小猫角色露了出来。这是因为上传的这个图片背景颜色是白色而不是透明色，上传的这个角色将后面的小猫角色遮挡了。所以，为了更好的效果，在上传角色的时候，最好用那种底色为透明底的png格式的图片，或者利用Photoshop软件将图片背景色消除后，存储为png格式后再使用哦。

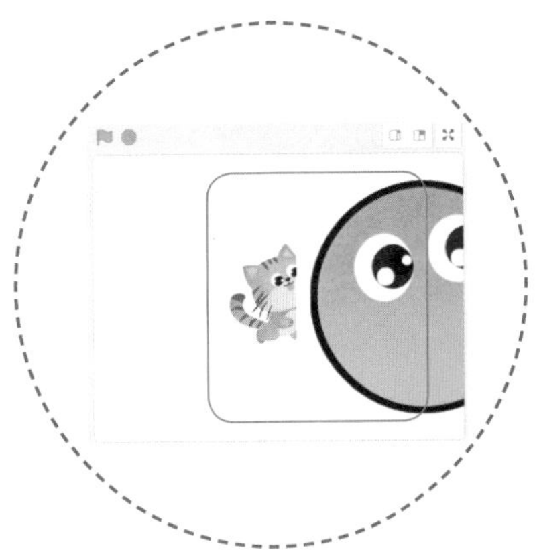

Step2：随机

美美 再试试“随机”按钮吧！它会出来什么呢？好期待！

聪聪 点击“随机”按钮，一个角色就被新建了，这次出来的角色是一个小恐龙，下一次可能就是别的了哦。

美美 太有趣了！可是，这个随机角色是从哪来的呢？

聪聪 它是在软件自带的素材库中被随机挑选出来的。

美美 哦，如果我想打开素材库看看，挑选一个我想要的角色，怎么办呢？

聪聪 那我们可以看看第4个按钮“选择一个角色”。

Step3：选择一个角色

聪聪 “选择一个角色”就是打开素材库，让我们能够自由挑选角色，还可以使用鼠标左键单击“猫脸”按钮来进入这个选项。

Step4：绘制

聪聪 最后再来看看菜单中的第3个按钮，这个有些复杂，所以放在最后告诉你了。当我们点击“绘制”按钮后，在软件左侧原来是“代码”选项卡的位置，会被切换到“造型”选项卡。

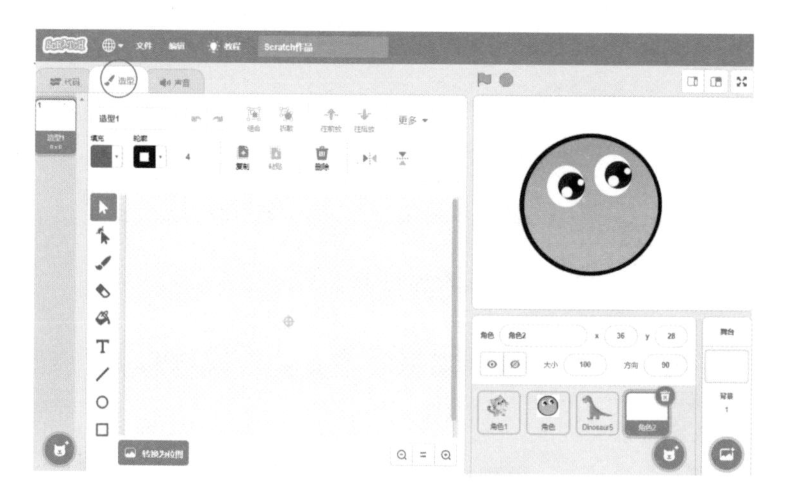

美美 哦，编辑区出现了很多画画工具！

聪聪 没错。在这里，就像电脑里自带的“画图板”一样，你可以在这里绘制想要的图形，然后把它当作一个角色来使用。

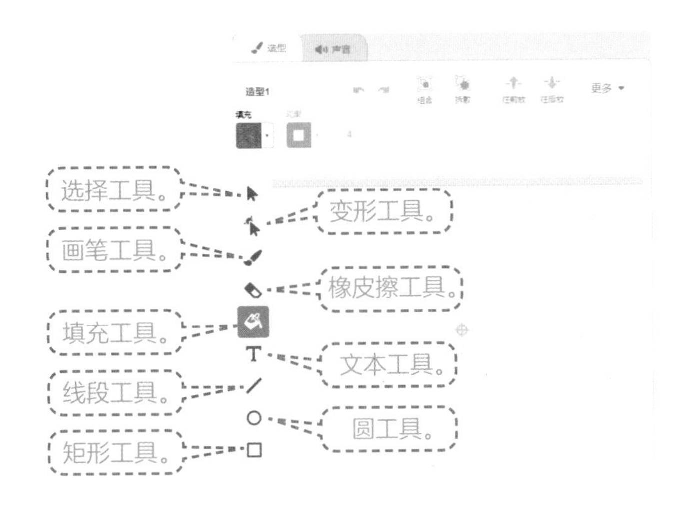

删除角色

美美 如果新建角色之后，发现新建的角色并不是想要的，怎么删除它们呢？

聪聪 可以在角色选择区选中角色，让它变成蓝色框，再点击选项卡右上角的删除按钮，就可以删除了。

设置背景

美美 在小猫头像的按钮右边，还有一个“图片”按钮，这是什么呢？

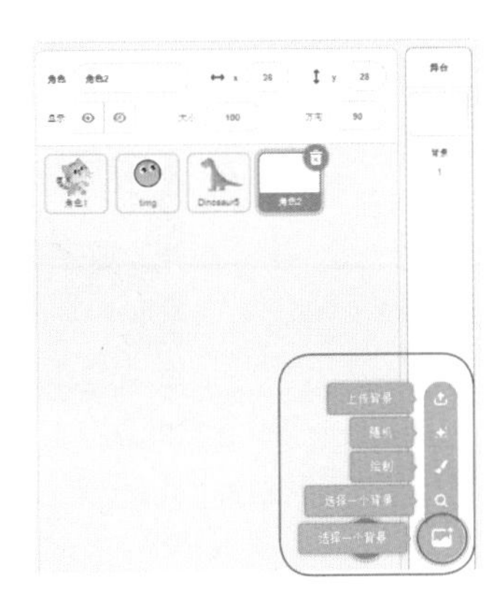

聪聪 它是用来更改背景的，点一下这个按钮，同样会出现4个选项，这4个选项分别是上传背景、随机、绘制和选择一个背景。

美美 它们和选择角色的那4个按钮有点相似呀！

聪聪 是的。除了“上传背景”外，其余的按钮和选择角色的按钮操作一致，唯一有区别的是“上传背景”。

美美 有什么不一样?

聪聪 点击“上传背景”并选择完成，图像打开后，软件左侧的“代码”选项卡会跳到“背景”选项卡。我找了一张图片作为示范。你看，上传的背景图片由于尺寸的原因没有完全覆盖住舞台，上下各有一条白色的窄边。

美美 这可怎么办？先修改图片的大小吗?

聪聪 不用。我们可以使用背景选项卡下面的“选择工具”，点击图片下面的“转换为矢量图”按钮，利用快捷键Ctrl+A或者手动选取整个图片，将图片拉伸铺满整个舞台，就像在Word软件里面拉伸一张图片的大小一样。

第6个任务：两个角色对话游戏

聪聪 接下来，我们用前面学过的知识做一个有趣的动画游戏吧。

美美 太好啦！

聪聪 你可以先根据要做的动画内容，自己试一试能不能完成。如果自己完成不了，就看下面的步骤哦！

放学后，小猴和小猫在学校门口遇到。小猫说：“小猴同学，要不要去操场玩一会？”小猴回答：“好啊，咱们一起去吧。”然后它们就去操场玩了一会。小猫说：“好累啊，我要回家休息了。”小猴说：“好的，我也回家了，再见。”小猫回答：“再见。”最后小猫回到家里休息。

美美 我有几个步骤不太会做，我看看哥哥是怎么做的吧。

设置背景

点击“选择一个背景”按钮中的“户外”选项卡，里面有“School（学校）”这个背景，选中它。使用同样的方法再添加一个“Playground（操场）”背景和“Bedroom 1（卧室）”背景。然后，我们先点击“School（学校）”背景，在这个背景下开始编程。

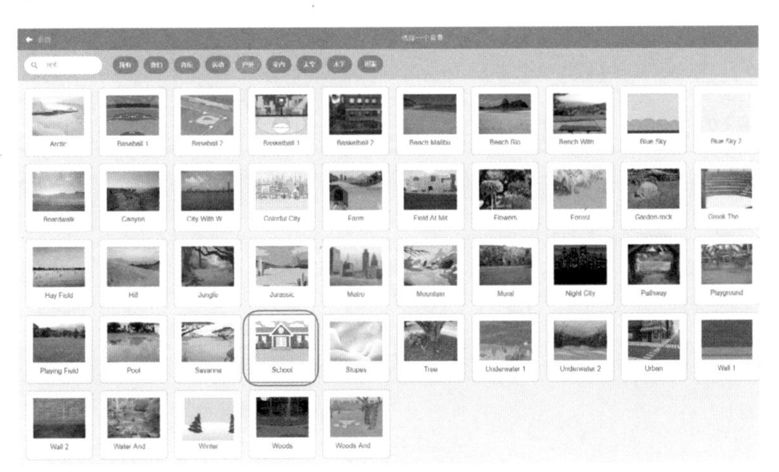

添加角色

小猫角色已经默认出现了，还需要添加小猴。点击“选择一个角色”，找到小猴，把它添加到舞台上。

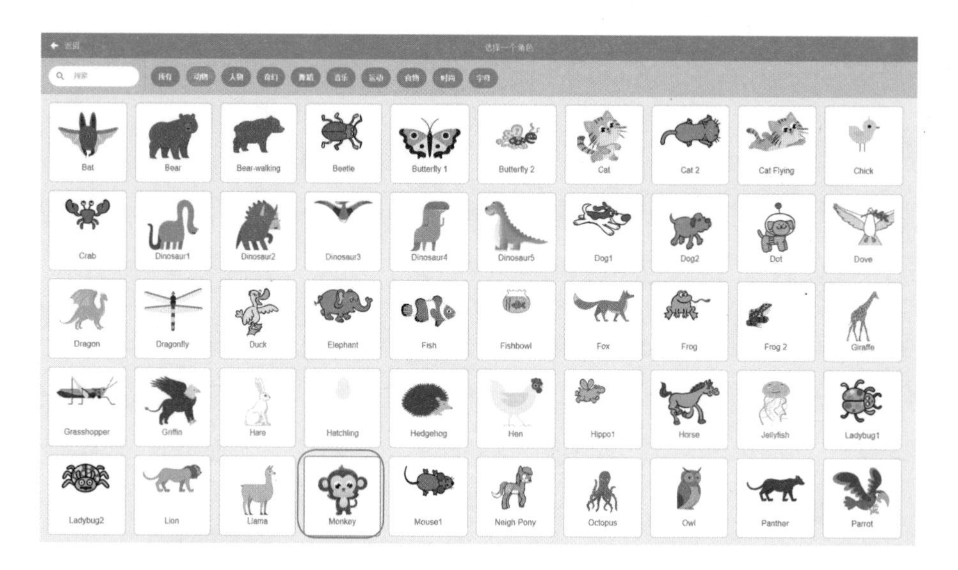

调整角色的大小和位置

用鼠标拖动舞台上角色的位置，让它们像正在对话一样。你会发现小猴默认的大小有点大，我们选中小猴角色，然后在角色区调整小猴的大小，调成70，这样看起来两个角色就差不多大了。

选择程序运行事件

接下来我们就要编辑小猫角色的代码了。但是，一段程序都需要一种触发条件，最常用的就是事件代码块工具箱里的“当绿旗被点击”代码块。我们把代码块 先拖动到编辑区。

编辑小猫的说话代码

使用外观代码块工具箱里的“说”代码块，让小猫“说”第一句话。

将这个“说”代码块拖入编辑区内，和“当绿旗被点击”代码块连接起来。然后，我们对“说”的内容文字进行修改，改成“小猴同学，要不要去操场玩一会？”，时间就保持默认的2秒即可。

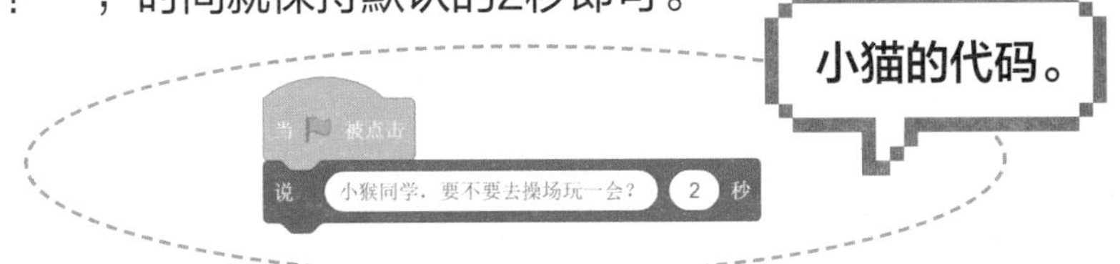

编辑小猴的说话代码

聪聪 接下来我们要编写小猴说的话了。

美美 那我直接拖动下一个“说”代码块。

聪聪 别急！注意，在编写代码的时候，一定要先想清楚，这个代码块用在哪个角色上。先选择需要编写代码的角色，再进行编程。这里如果直接继续拖动代码块，那么本来想让小猴说的话可就被小猫说了！

美美 那怎么办呢？

聪聪 在角色区用鼠标左键单击选择小猴角色。

美美 哎呀！之前写的代码都消失了！

聪聪 别紧张，这是因为刚才编写的代码是用来控制小猫角色的，小猴角色是不会被刚才那些代码块控制的，所以小猴角色的代码要从头开始写！别忘了先添加“当绿旗被点击”代码块哦！

美美 小猴也要再添加一遍这个代码块吗？

聪聪 是的。如果希望两个角色被同一个动作触发程序，那么它们就要选择一样的触发方式才行哦。下面，让小猴说：“好啊，咱们一起去吧。”方法和前面一样。

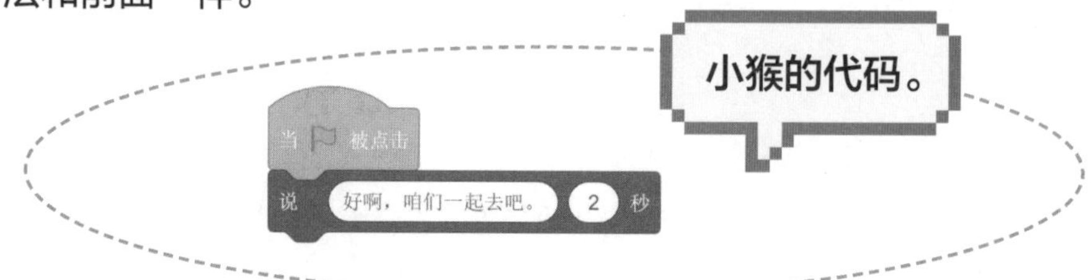

初步测试代码效果

聪聪 接下来，我们先测试一下代码的效果，看看哪里需要调整，后面写多了就不好改了。

美美 怎么测试呢?

聪聪 和ScratchJr一样，使用绿旗 和红色多边形 按钮来控制代码的开始和停止。

美美 哎呀，小猫和小猴说的话同时出现了，它们叠在了一起!

聪聪 这是因为我们编写代码的时候，规定“当绿旗被点击”后直接运行两个对话。

美美 那如何让小猫先说话，小猴再说话呢?

聪聪 这就需要用到控制代码块工具箱中的“等待”代码块了。

聪聪 因为小猫说话的显示时间是2秒，所以我们可以让小猴先等待2秒，然后它再回答。也就是说，在小猴角色下，“当绿旗被点击”和“说话”代码块之间，我们增加一个“等待”2秒的代码块。

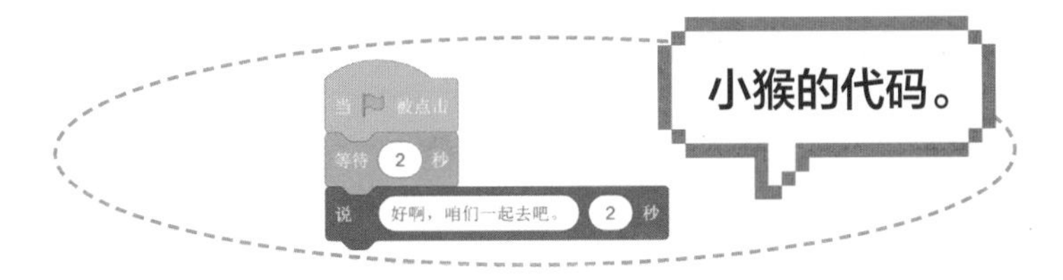

更改背景

聪聪 接下来的故事，需要小猫和小猴去另外一个场景，就是操场。也就是说，我们需要中途换一个背景。

美美 啊？难道要像ScratchJr那样让它们跳到另一个场景吗？

聪聪 有点类似，不过，在Scratch3.0中，我们可以在同一串代码组中完成背景切换。这就需要用到外观代码块工具箱中的“换成××背景”代码块。

美美 在哪里换成操场背景呢？

聪聪 你看到“换成××背景”代码块里面的小箭头了吗？这是一个下拉菜单，在菜单中找到“Playground（操场）”。这样，当代码运行到这里时，就会变成操场背景了。

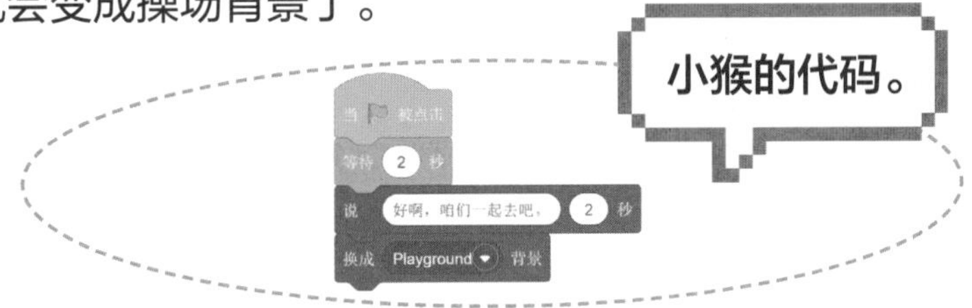

小猫和小猴继续说话

聪聪 假设玩了一会，接下来小猫要说：“好累啊，我要回家休息了。”因为刚才需要等待小猴同学说“好啊，咱们一起去吧。”所以小猫再次说话之前，也需要让小猫先等待一下，一共3秒。所以我们在小猫的代码组合中需要加入“等待3秒”。然后说：“好累啊，我要回家休息了。”

美美 接下来该小猴说话啦。

聪聪 是的，然后切换到小猴角色，让小猴再等待3秒，然后说：“好的，我也回家了，再见。”再切换到小猫角色，让小猫等待2秒，然后说“再见”。编写完成后我们运行程序来测试一下。

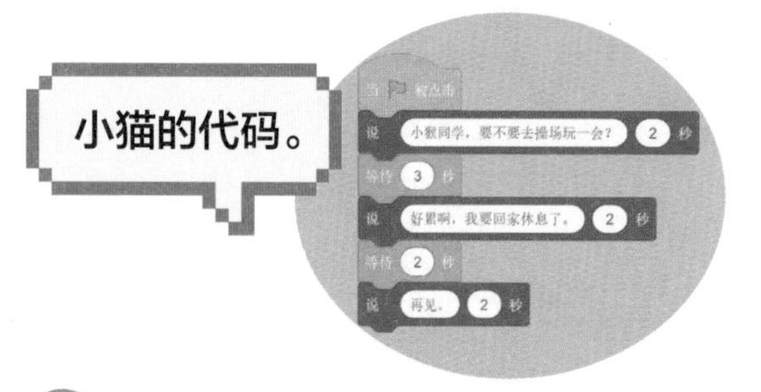

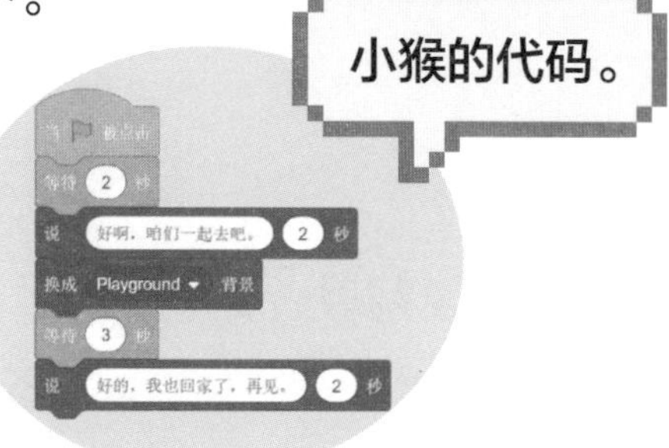

美美 哥哥，我发现小猫角色的代码组里没有“换成xx背景”代码块，可是小猫也要切换场景呀。

聪聪 在Scratch3.0中，“换成xx背景”代码块可以控制舞台上的所有角色。一个角色切换了背景，另外一个角色的背景会跟着换，因为舞台是共用的。背景切换的代码块可以放在任意角色的代码中，我在这个例子里放到了小猴同学的代码中，是为了方便记录等待的时间，防止舞台背景切换时出问题。

再次切换场景

美美 最后一步，小猫要回到家里休息，需要把场景切换到“Bedroom 1（卧室）”了。可是，小猫角色的代码里没有“换成xx背景”代码块，是要把“换成Bedroom 1背景”代码块放到小猴角色的代码里吗？

聪聪 是的。

再次测试效果

聪聪 我们点击绿旗按钮测试一下程序吧。

美美 我发现有个问题！开始对话的场景不是在学校门口，这怎么办呢？

聪聪 我们需要在小猴角色运行开始的时候插入“换成××场景”代码块，场景选择“School（学校）”。

美美 还有一个问题！切换到“Bedroom1（卧室）”场景后，应该只有小猫在舞台上。小猴已经回它自己的家了。可是，现在的效果是，小猴还在舞台上。

聪聪 这是因为所有的角色都会默认显示在舞台上，我们需要在切换到卧室背景后，设置小猴同学为“隐藏”。这就需要用到外观代码块工具箱中的“隐藏”代码块来调整小猴角色的状态，我们把“隐藏”代码块添加到小猴代码组的最后。

小猴的代码。

聪聪 我们再运行测试一下吧。运行一遍以后，我们发现这个动画的情节就都实现了。

美美 我再试一次。哎呀！怎么运行第2遍，小猴消失了？

聪聪 这是因为在小猴代码的最后将小猴隐藏了，小猴角色状态被更改了。所以我们需要在运行的第1步将小猴这个角色再显示出来。我们用“显示”代码块将小猴的状态调整为显示。这样我们就编写好了小猴同学最终的代码。

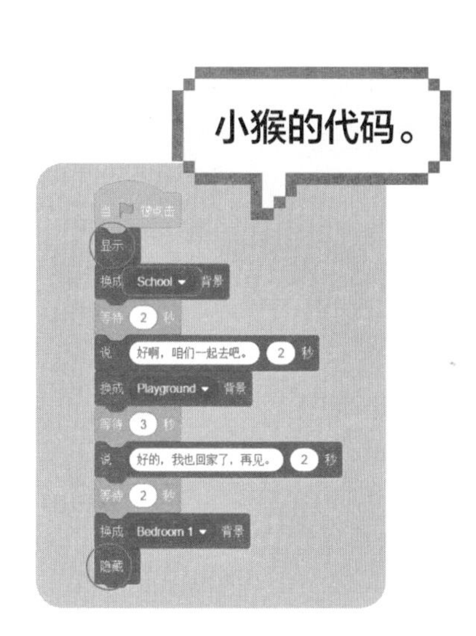

聪聪 我们再多运行测试几遍，发现所有的问题都解决了，我们之前设计的情节都能正常地表现。

聪聪 最后，做好的动画千万不要忘记保存哟。

第7个任务：角色的位置移动

聪聪 在我们刚才制作的动画里，所有角色的位置都没有变化，只是弹出对话框对话和进行场景切换。下面我们让角色动起来吧！

美美 太好了！

聪聪 我们做一个游戏——飞天小猫。

添加角色

选择角色中的“Cat Flying（飞天小猫）”，它在动物选项卡中，把它添加到舞台上。然后删除系统默认的小猫角色，使得舞台上只有一个飞天小猫的角色出现。

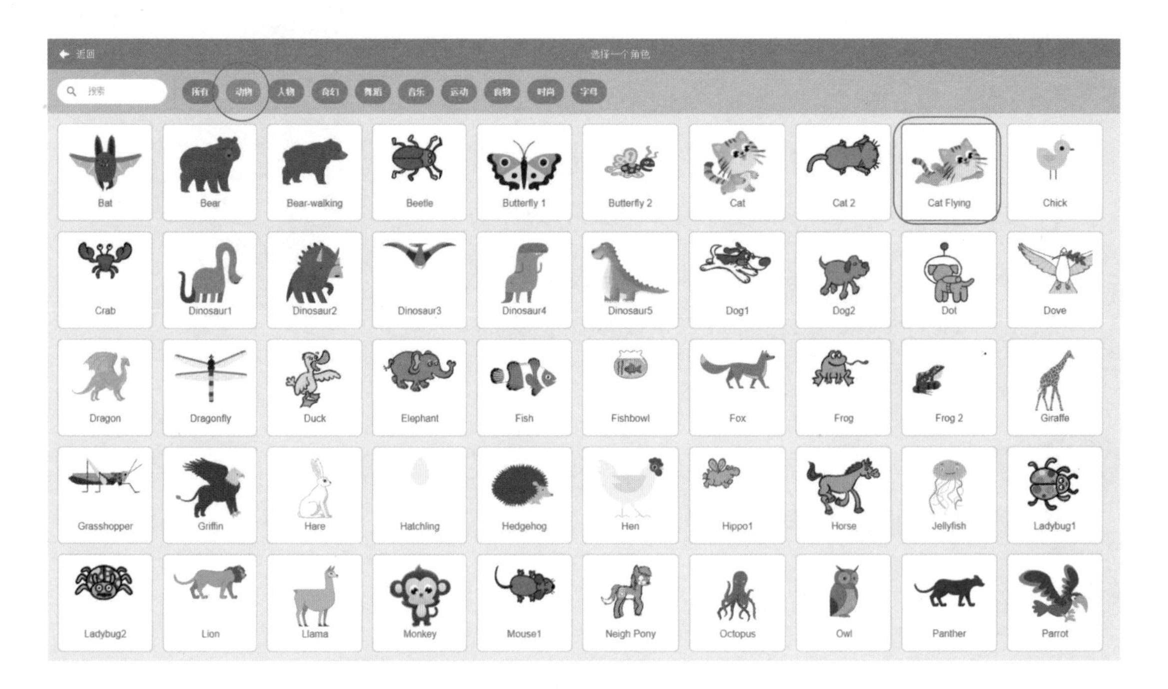

设置背景

选择背景中的户外选项卡，里面有一个“Blue Sky（蓝天）”。

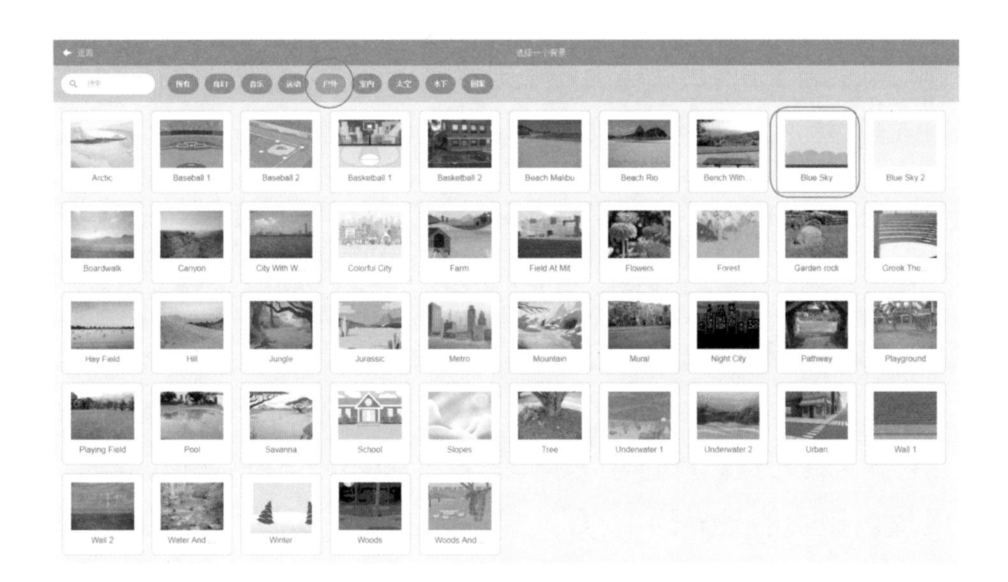

看看舞台效果

美美 哇！舞台画面变成一只飞天小猫在蓝天上飞了！

开始编写代码

聪聪 首先还是添加事件代码块工具箱里的“当绿旗被点击”代码块。接下来，就要让小猫开始运动了。

美美 怎么让角色移动位置呢？

聪聪 我们需要用到运动代码块工具箱中的“移动”代码块。

聪聪 把“移动”代码块拖到编辑区，并且和“当绿旗被点击”代码块相连。

聪聪 然后我们在舞台区域上方点击绿旗按钮。看看我们编辑的程序是如何运行的吧。

美美 小猫向右侧飞了！可是，我只是写了“移动10步”，它怎么知道是向右呢?

聪聪 还记得一开始我们讲的坐标吗? 舞台坐标为横向-240～240，纵向为-180～180，舞台中央是（0,0）。也就是说，横向上，如果数值是正数，它就会往右走。我们可以具体来看看这个例子中的数值，验证一下。这里角色初始的坐标为（80,-45），运行一次后角色的坐标变成了（90,-45），证明我们的角色在x轴上面往正数方向增大了10，也就是说它会向右侧移动10个单位。

美美 如果想让角色往左走呢?

聪聪 就要用到负数啦！比如，初始位置是（-151,45），我们把移动的步数改成-10，它的坐标就会变成（-161,45）了。你看看它的效果。

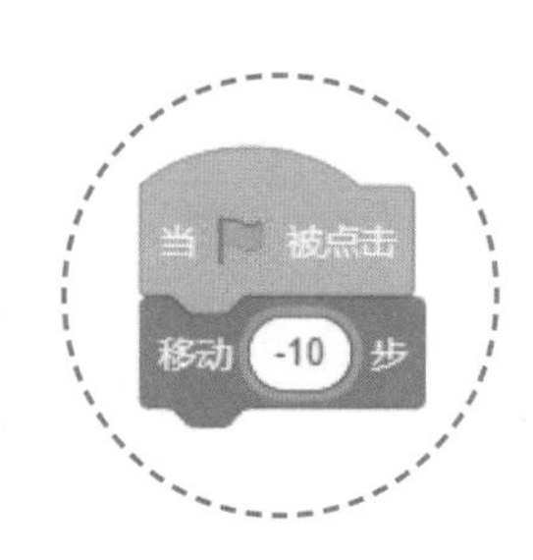

美美 它倒退着向左边飞啦!

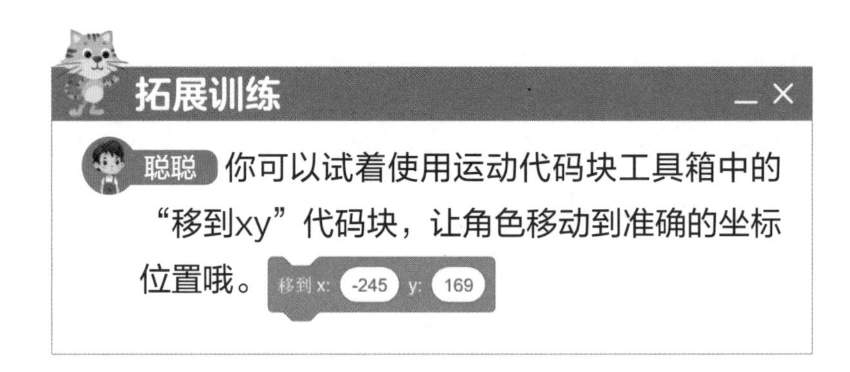

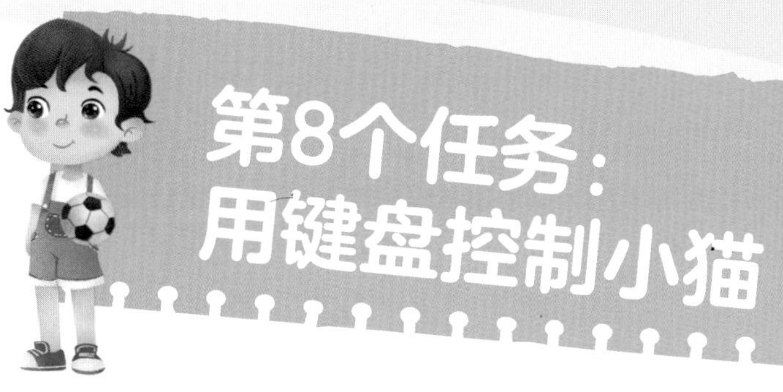

第8个任务：用键盘控制小猫

聪聪 美美，你在做什么呢？

美美 我在玩一个游戏，用键盘上的“上下左右”箭头控制小车躲避障碍。

聪聪 别玩游戏了，我们自己设计一个这样用键盘控制的游戏吧！

美美 好呀！

聪聪 打开我们刚才做过的飞天小猫的程序。在工具栏找到“文件”菜单，然后选择“从电脑中上传”这一个选项，选择我们以前保存过的程序，点击“打开”。

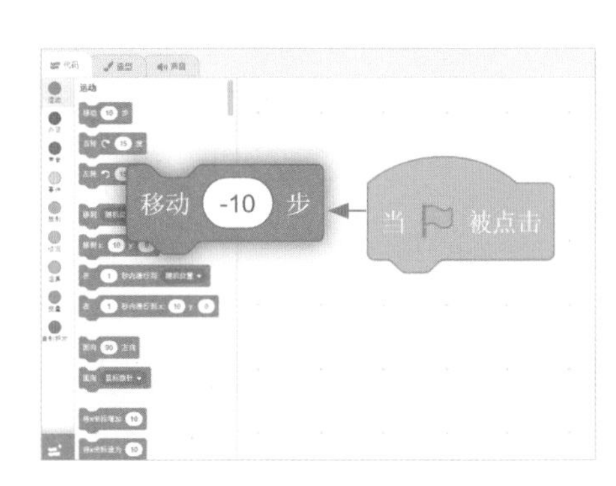

美美 可是，这个程序里面，有我们做过的“移动-10步”的代码块了。

聪聪 首先，我们先把“移动-10步”的代码块删除。

美美 怎么删除呢？

聪聪 我们可以选中这个不想要的代码块，然后把它拖动到任意代码块工具箱里，松开鼠标就可以删除了。

美美 还有别的方法吗？

聪聪 我们还可以用鼠标右键单击这个代码块，在出现的菜单栏里面选择“删除”选项。

聪聪 现在，我们开始编写用“上下左右”箭头控制小猫的游戏吧！

美美 好的！

使用“按下XX键”代码块

聪聪 当软件侦测到我们按下“上下左右”的某一个按键时，小猫就会做出相应的动作。

美美 可是，软件怎么知道我按了什么呢?

聪聪 这就需要用到侦测代码块工具箱中的“按下XX键”这个代码块了。它会侦测键盘上是否有某一个按键被按下了。具体哪个按键被按下，我们可以选择下拉菜单来规定动作。我们将这个代码块拖入编辑区并且点开下拉菜单看看。这时候能看到在下拉菜单中有“上下左右”键的选项。

按下 空格 键?

编写“上键”代码

聪聪 我们先来做一下侦测到按键盘的“上键”小猫就向上飞的代码。我们在下拉菜单选择“上键”。如果按了“上键”，小猫就要向上飞，也就是小猫的y轴坐标数值需要往正数增加。

美美 使用“移动10步”吗?

聪聪 那你的小猫可能要向右飞啦！如果我们希望它在纵向上移动，可以使用“将y坐标增加XX”代码块。我们让数值为10，这样小猫就会向上飞了。

美美 然后呢？把“按下个键”代码块和“将y坐标增加10”代码块连在一起吗？可是，“按下个键”代码块没有可以连接的凸起呀！

聪聪 这就需要我们学一个新的代码块了。

“如果-那么”代码块

聪聪 实际上，我们刚才做的这些动作里面有一个逻辑，就是，如果向上的箭头被点击，那么小猫就向上移动。“如果-那么”代码块在控制代码块工具箱。“如果-那么”这样的逻辑，它总是要配套两个其他代码块嵌入进去使用的。在“如果”后面那个棱形块里填写条件，在“那么”下面那个“大嘴巴”里填写结果。

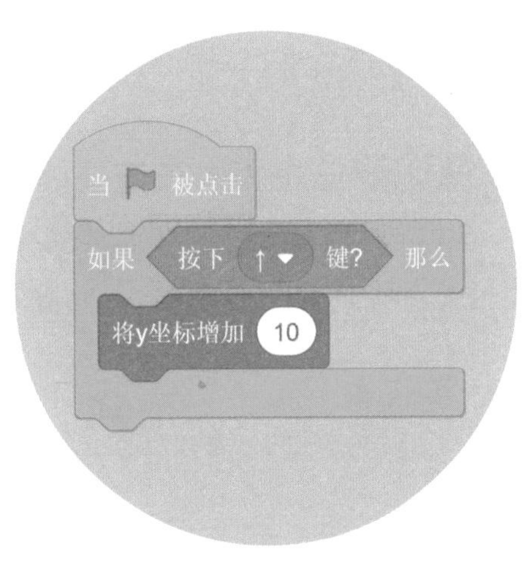

美美 那在这里应该把“按下个键”代码块放在条件栏里，把运动代码块工具箱里的“将y坐标增加10”这个代码块放在结果栏里了。

条件空处的菱形块形状和侦测键盘按键的菱形块形状是一样的，这是Scratch3.0软件为了方便使用特意设计的，它规定只有形状一致的代码块才可以装载在一起。所以，如果以后编程的时候发现要组合的代码块形状不一样，说明使用的代码块是有问题的，需要选择其他合适的代码块。

重复执行代码块

聪聪 现在我们按下键盘中的“向上”键试试效果吧。

美美 可是，我按了键盘的“向上”键，小猫没有向上飞行！

聪聪 这是因为在按下绿旗按钮后，代码块会快速运行，还没来得及等我们按键盘的“向上”键，代码已经运行完了，就识别不到了！我们需要让系统知道，它要不停地“识别”，一直等着我们去按键盘的“向上”键。这时我们就要用到控制代码工具箱里的“重复执行”代码块。

美美 哦！我在ScratchJr里面也用过“重复执行”，需要把想被重复的内容包进去！

聪聪 没错，你很聪明。在Scratch3.0里面也是一样的。在这里，我们希望让“如果-那么”这整个的一组代码组都重复执行。

同理完成其他按键的代码

聪聪 其他3个键的控制代码，你自己来试试吧！

美美 好的！

聪聪 做的时候要注意，小猫横向的移动是x轴坐标的改变，纵向移动是y轴坐标的改变哦。

美美 我做好啦！

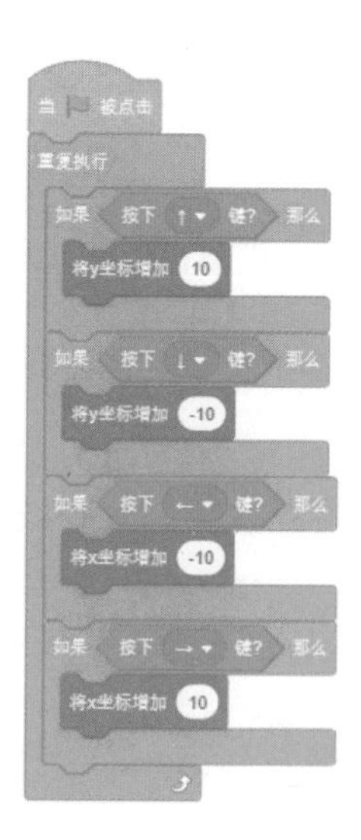

第9个任务：改变角色的方向

美美 哥哥，我发现一个问题。小猫的脸是朝着右边的，让它往左走的时候，它只能倒退着走，向上和向下走的时候也只能升降，不能冲着出发的方向变换脸的朝向，效果有点奇怪，怎么办呢？

聪聪 那我现在教你如何让小猫在移动飞行时随着移动方向的变化，自身的朝向也随之变化吧。

打开程序

聪聪 首先，使用刚才学过的“从电脑中上传”的方法打开刚才我们做好的“用键盘控制小猫”的程序。

使用“面向XX方向”代码块

聪聪 我们要用到运动代码块工具箱中的 “面向XX方向”代码块，这个代码块可以调节角色的朝向。

美美 这个数字是什么意思呢？

面向 90 方向

聪聪 我们先选中角色看看，在默认的数字是90的时候，角色是朝向右侧的。向左的时候方向为-90，向上的时候方向为0，向下的时候方向为180。

美美 这个数字的单位是度吗？

聪聪 在Scratch 3.0里面没有单位，但你可以把它理解为角度的意思。还记得我们刚才编写的不能改变方向的“用键盘控制小猫”的代码长什么样吗？为了让小猫在位置移动的同时，它的角度也发生变化，所以，在每个“如果-那么”条件的“大嘴巴”里面，都要加一个“面向XX方向”的代码块，具体数字是多少，要根据各自面向的方向来更改。

```
当 🏳 被点击
重复执行
    如果 按下 ↑ 键? 那么
        将y坐标增加 10
        面向 0 方向
    如果 按下 ↓ 键? 那么
        将y坐标增加 -10
        面向 180 方向
    如果 按下 → 键? 那么
        将x坐标增加 10
        面向 90 方向
    如果 按下 ← 键? 那么
        将x坐标增加 -10
        面向 -90 方向
```

聪聪 你来试试拖动“面向XX方向”代码块并填写数字吧。

美美 我做好了，你看这样对吗?

聪聪 我们运行程序测试一下效果吧。

美美 咦？按下左键，小猫的脸的确是朝向左边了，可是它的肚子翻到上面去了，怎么让它变成肚子向下呢？

旋转方式代码块

聪聪 你还记得吗？最开始介绍界面功能时提到过角色的方向，在这个圆盘下面有3种模式，分别是任意旋转、左右翻转和不旋转。

美美 记得。选择左右翻转，调节的数值在0～180时，角色方向不会改变；在-180～0时，角色会水平翻转，也就是朝向相反的方向。

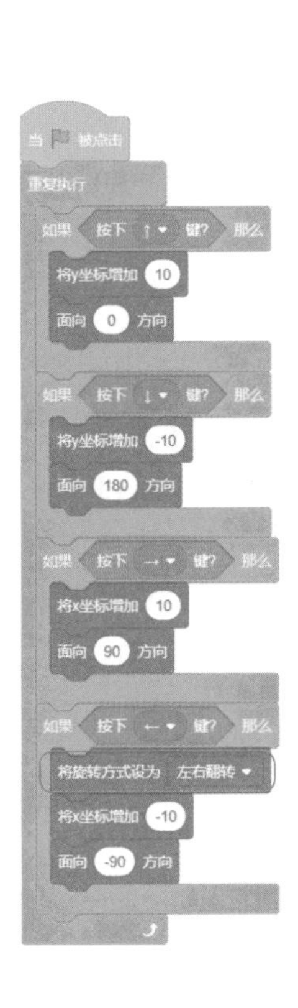

聪聪 没错。这就很符合我们的需要了。所以，在“按下左键”的“如果-那么”的“大嘴巴”里面，还需要调整一下小猫的翻转模式，让它变成水平翻转。所以我们要加入 “将旋转方式设为左右翻转”代码块。

任意旋转

聪聪 我们再测试一下效果吧。

美美 又有问题了。这次，小猫左右运动时方向正常了，但是，在上下运动时，方向却不会改变，一直面向右侧。

聪聪 这是因为我们改变旋转方式后，向上和向下的数值都在0～180。在这个数值范围内，小猫都会朝向90的方向。

美美 这可怎么办呢？

聪聪 这时，我们需要在每次按“向上”键或者“向下”键时，再次改变它的旋转方式，把它变为任意旋转。

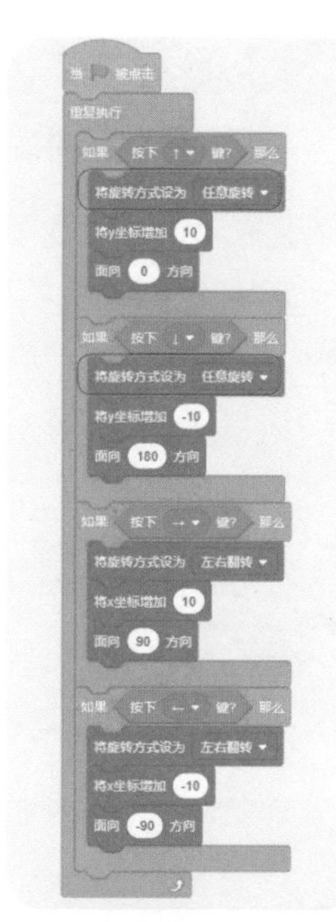

美美 那我就需要在“向上”和“向下”的“如果-那么”的“大嘴巴”里面加入“将旋转方式设为任意旋转”代码块啦。

聪聪 是的，你试试吧。

碰到边缘就反弹

美美 现在，所有方向的问题都解决了。小猫随着我们运动的方向不断改变朝向了！

聪聪 你再测试一下，看看有什么问题。

美美 哎呀，小猫飞出舞台了！怎么能让小猫一直在舞台内部运动呢？

聪聪 我们需要用到运动代码块工具箱中的“碰到边缘就反弹”代码块。用它可以控制角色碰到舞台边缘就被水平翻转，将这个代码块放入我们的程序中，所有的编程工作就完成了。

第10个任务：小猫跟着鼠标旋转

美美 现在我会用键盘的4个方向键来控制小猫了。可是，还有那么多的方向呢，我想让小猫斜着飞，怎么办呢？

聪聪 可惜键盘只有4个方向。不过，我有好办法。我们可以让小猫跟着鼠标的方向飞，这样它就能向各个方向运动了。

打开程序

聪聪 首先，我们打开刚刚保存过的“改变角色的方向”的小程序，将除了“当绿旗被点击”和“重复执行”以外的代码块都删除掉。

美美 为什么不重新建一个程序呢？

聪聪 哈哈，这样可以省去我们设置角色和背景的步骤。

移到某一个位置

聪聪 要想让角色跟着鼠标运动，我们需要用到运动代码块工具箱中的“移到××”代码块。在这个代码块的下拉菜单中有“随机位置”和“鼠标指针”两个选项。

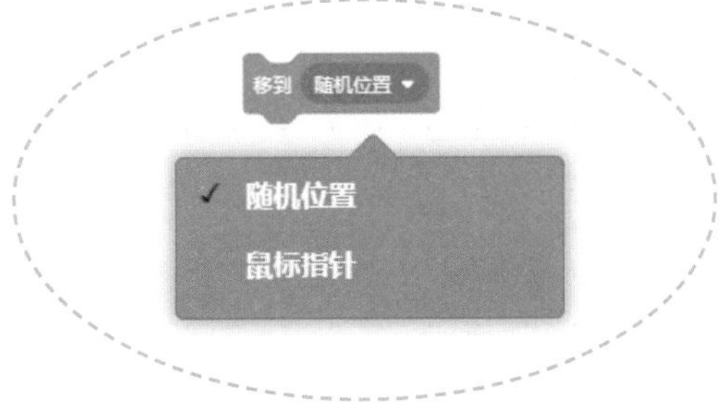

美美 那我就选择“鼠标指针”选项啦。

聪聪 是的。然后把它拖入编辑区，装载到“重复执行”代码块中。

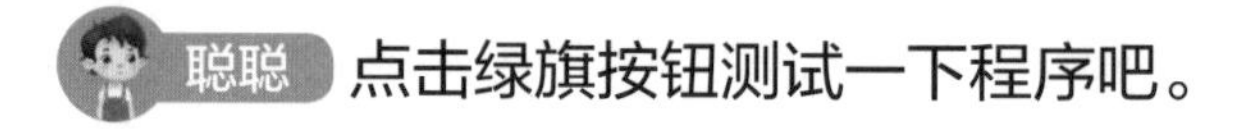

聪聪 点击绿旗按钮测试一下程序吧。

美美 小猫可以跟着鼠标移动了！但是它的方向还不能改变呢。

面向鼠标指针

聪聪 下一步，我们就要让角色的造型随着鼠标的移动改变方向啦。我们要用到“面向鼠标指针”这个代码块。

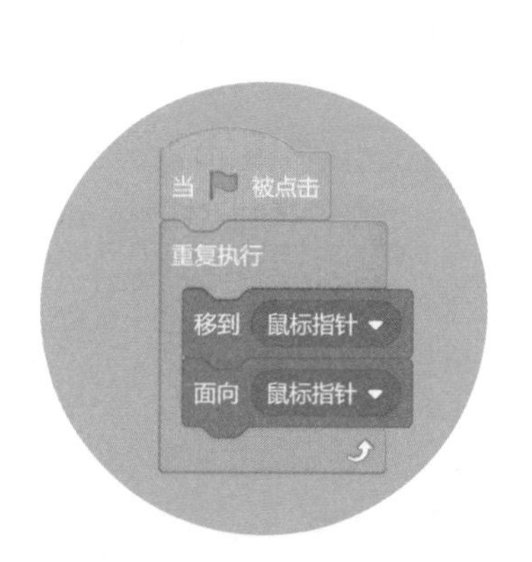

美美 我把这个代码块拖入试试。

美美 不对呀，小猫还是只跟着鼠标运动而不会改变方向。

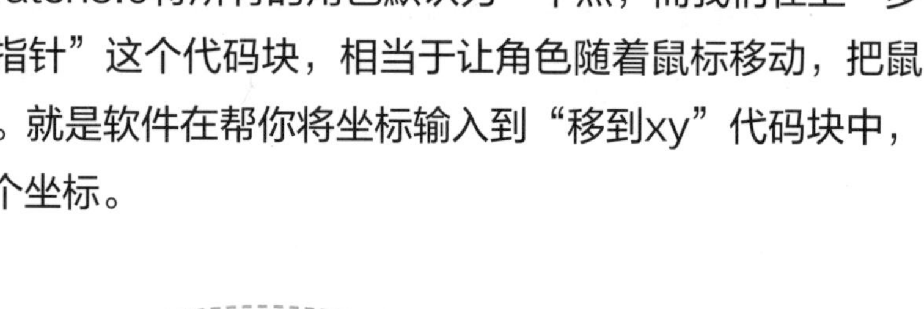

聪聪 这是因为Scratch3.0将所有的角色默认为一个点，而我们在上一步使用的“移到鼠标指针”这个代码块，相当于让角色随着鼠标移动，把鼠标的坐标赋予角色。就是软件在帮你将坐标输入到“移到xy”代码块中，再让角色运动到这个坐标。

移到 x: -86 y: 10

美美 有什么问题吗?

聪聪 它和“面向鼠标指针”这个代码块有冲突了。“面向鼠标指针”代码块需要知道角色的坐标和鼠标位置的角度，并把这些数值赋予角色。而刚才用的“移到鼠标指针”这个代码块没有这个过程。

美美 那怎么办？用什么能替代这种移动方式呢?

聪聪 我们可以使用“滑行”的方式哦。

在1秒内滑行到鼠标指针

聪聪 这时候我们需要使用“在1秒内滑行到鼠标指针”代码块来替换“移到鼠标指针”代码块。

聪聪 这个代码块也有两个下拉菜单，一个是“随机位置”，一个是“鼠标指针”。我们选择“鼠标指针”。它会识别角色的坐标和鼠标的坐标，然后进行计算，在规定的时间内到达指定的坐标，然后控制角色移动。

美美 规定时间?

聪聪 这个规定的时间是可以修改的，就是那个圆形框里面设定时间。现在我们规定的时间是默认的1秒。

美美 设置好了，把它替换进去吧。

聪聪 这样我们运行后就会看到角色在不断地跟着鼠标变换方向移动了。

第11个任务：碰撞触发对话

美美 哥哥，我在玩我们做的飞天小猫的小程序，可是鼠标移出舞台之后，小猫卡在舞台边缘了。

聪聪 这时我们要让角色呼唤鼠标回到舞台哦。

美美 该怎么编写程序呢？

聪聪 跟我一起看看吧。

打开程序

聪聪 首先，打开前面保存的第10个任务的小程序。

“碰到舞台边缘”代码块

聪聪 你再想一想，我们要做的是，如果系统发现我们的鼠标移到了舞台区域之外，然后就要做出反应。那么，系统要如何识别我们的鼠标移出了舞台区域呢？

美美 有这样的代码块吗？

聪聪 在Scratch3.0中没有这个功能的代码块。我们换一个思路，鼠标移出舞台区域表明，在鼠标移出舞台前的一瞬间，我们的角色就已经移到了舞台的边缘。

美美 哦！我明白了。也就是说，只要侦测到角色在舞台边缘，就说明鼠标应该是移出了舞台！

聪聪 是的。这样的代码块是有的。我们在侦测代码块工具箱中可以找到“碰到鼠标指针”代码块，打开下拉菜单会看到有“舞台边缘”和“鼠标指针”两个选项。

美美 那我就选择“舞台边缘”选项啦，因为我们要系统识别到角色在舞台边缘，让角色呼唤鼠标回到舞台。

聪聪 你说得很对。

如果-那么

聪聪 接下来，我们就要使用“如果-那么”这个代码块了。因为整个编程的逻辑是，如果角色碰到了舞台边缘，那么就要让小猫说：“我找不到你在哪里了，请回到舞台。”

美美 我来试试。是不是这样?

如果 碰到 舞台边缘 ? 那么
说 我找不到你在哪里了，请回到舞台。 1 秒

重复执行

聪聪 为了让系统不断地识别角色有没有碰到舞台，不能让它终止以后就识别不到，所以应该让“如果-那么”这整个动作包裹进“重复执行”的“大嘴巴”里面。同时，因为这个游戏还保持着让小猫跟随鼠标来移动的这个效果，所以，前面做过的“在X秒内滑行到鼠标指针”+“面向鼠标指针”的代码块还是要有的哦。

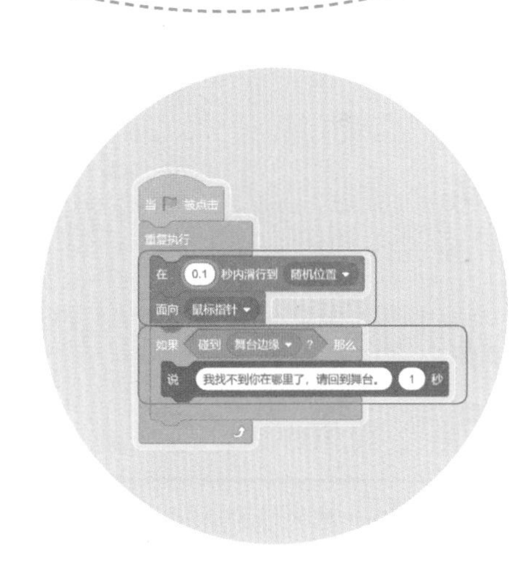

美美 哥哥，你为什么把时间改成了0.1秒呢?

聪聪 要想让角色跟着鼠标变换方向移动需要用“滑行”，如果是1秒的话，跟随效果并不好，将时间改到0.1秒，是为了让角色快速反应跟上鼠标指针。

第12个任务：扫地机器人游戏

聪聪 现在我们已经学会了很多基本操作方法了，下面我们一起做一个扫地机器人的小游戏吧。

美美 太好啦！

添加主角色

首先，添加一个机器人的角色。我们在“选择一个角色”中找到“Retro Robot（复古机器人）”，添加这个角色，并将小猫角色删除。

添加副角色

聪聪 既然是扫地机器人，你想想，它要扫什么呀？

美美 要扫垃圾！

聪聪 对了。垃圾也会有显示、消失的动作，所以它也应该作为一个角色出现，否则它就无法产生动画效果了。

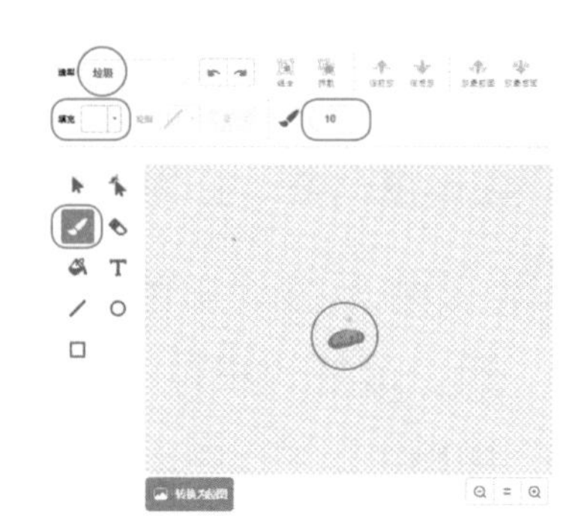

美美 要怎么添加垃圾这个角色呢？

聪聪 这个角色需要我们绘制，这里以白色纸团为例。使用“添加角色”里面的“绘制”选项，打开绘画板。使用画笔工具，笔头大小设置为10，在画布中间画一团白色并填充为白色。将角色名称改为“垃圾”。

设置背景

添加一个室内的背景，可以选择背景素材库里的“Witch House（魔法屋）”。将机器人和垃圾调整到合适位置。舞台布置就完成了。

切换角色代码选项卡

美美 那我开始编程啦！

聪聪 等一下。因为我们刚才是最后绘制了垃圾的角色，所以，在开始编程前，需要先选中“机器人”这个角色后，切换到“代码”选项卡，然后再开始编写代码。否则，我们的代码就会用错角色了。

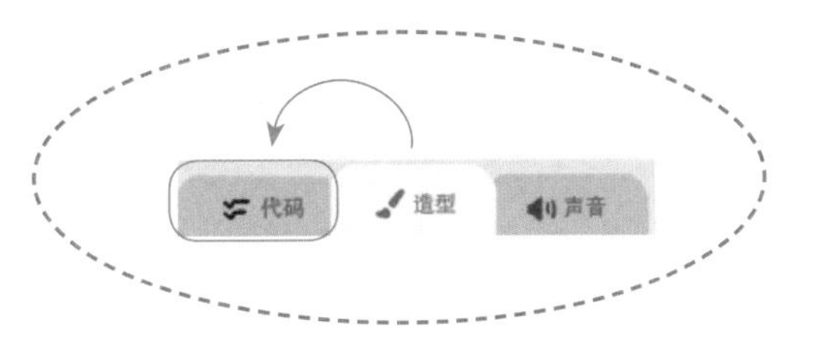

先想一想怎么做

美美 要怎么开始呢？没有头绪呀。

聪聪 我们之前编写过“用键盘控制飞天小猫”的代码，那么，我们可以利用之前学过的内容，来做这个扫地机器人。控制机器人移动的代码和飞天小猫的代码类似。

美美 那我把飞天小猫的代码复制过来可以吗？

聪聪 还是有一些区别需要注意的。

Tip 1:

飞天小猫飞行时会朝向4个方向。但这个机器人是在平面运行的，所以，机器人在上下移动时，角色的方向不需要改变。所以我们在角色方向的选项卡中直接选中中间的“左右翻转”即可。

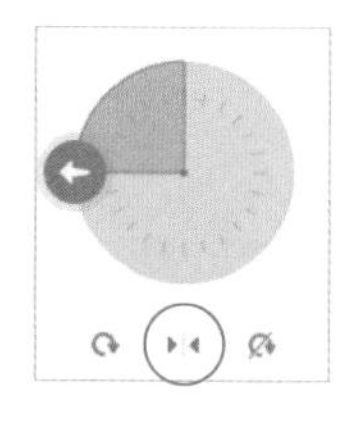

Tip 2:

你看，我们这个机器人角色默认的脸朝向是左边。所以当它运动方向为90时，它面向的是左边。这就需要我们注意，当机器人左右移动时，要对机器人方向的数值进行改变。

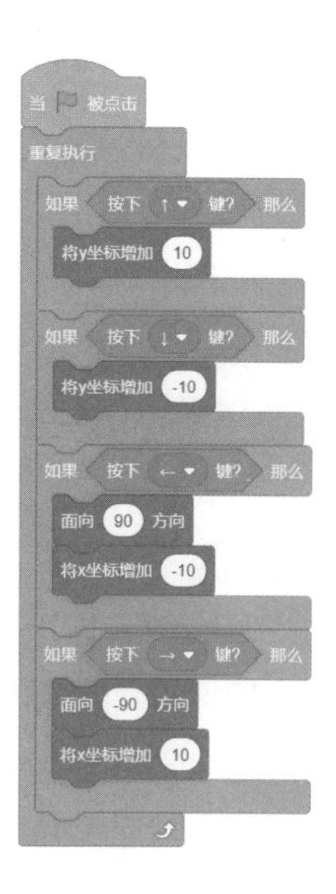

给机器人角色编码

聪聪 美美，利用之前学过的知识，你先自己尝试一下编写“机器人”这个角色的代码吧，然后再和正确答案核对一下，看看是否一样，哪里有区别。

给垃圾角色编码

聪聪 下面就是垃圾被清理的代码。想一想，垃圾被清理之后，会是什么效果呢？

美美 垃圾被清理也就是垃圾“消失”了。

聪聪 对，所以我们需要编写一组机器人触碰到垃圾时，垃圾“消失”的代码。

美美 我想应该会用到“碰到”这个代码块，还需要让垃圾的显示效果变成“隐藏”。

聪聪 对。我们之前做动画的时候用到过“隐藏”代码块，这个代码块可以帮助我们实现垃圾“消失”这个功能。

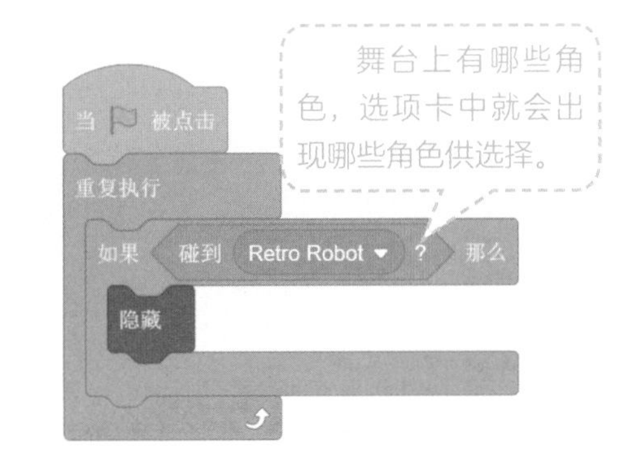

美美 怎么把它们连接起来呢？

聪聪 你想一下，它们是不是一种条件呢？

美美 是啊，那就要用到“如果-那么”啦！

聪聪 当机器人碰到垃圾时，垃圾消失，需要进行条件判断，所以我们把“碰到”作为条件，“隐藏”作为结果，嵌入“如果-那么”代码块中。你看看，你和我写的代码一样吗？

美美 哦，为什么放进了“重复执行”代码块中呢？

聪聪 别忘了，小心我们的程序快速执行完毕，系统侦测不到“碰到”的动作，无法显示效果哦。所以要让它一直不停地侦测。

美美 好的！还不能忘了最开始的“当绿旗被点击”。

拓展训练

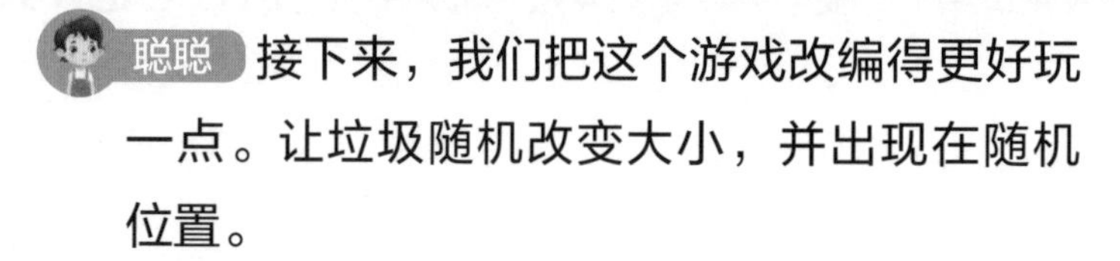

聪聪 接下来，我们把这个游戏改编得更好玩一点。让垃圾随机改变大小，并出现在随机位置。

美美 太有趣了！怎么做呢？

随机大小

聪聪 假设不同大小的纸团代表着不同垃圾，我们就要用到外观代码块工具箱中的“将大小设为XX”的代码块。

美美 它是用来做什么的？

聪聪 它可以更改角色的大小。因为垃圾角色需要大小不同，这样才符合生活常理。

美美 怎么让它们随机地变大变小呢？

聪聪 我们要用到运算代码块工具箱中的“在X和X之间取随机数”代码块，这个代码块表示在一个区间内随机抽取一个数字，把随机抽取的这个数字赋予角色的大小，实现了垃圾大小都不一样这个功能。

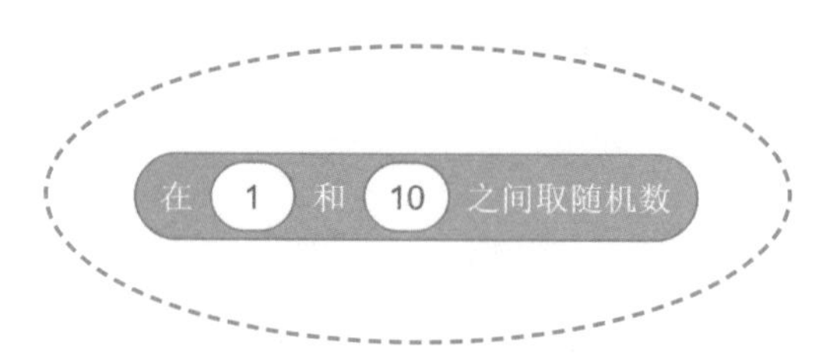

不定时出现

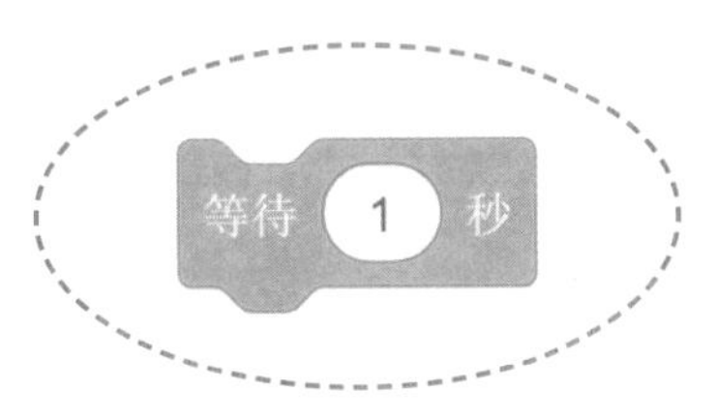

聪聪 另外，垃圾还有一个特点，是不定时地出现。

美美 太难了，这怎么做呢？

聪聪 我们需要用“等待X秒”和“在X和X之间取随机数”代码块搭配实现。在1和10之间取值，把取到的值赋予“等待”的代码块，这样控制垃圾在等待随机的时间之后出现。

在随机位置出现

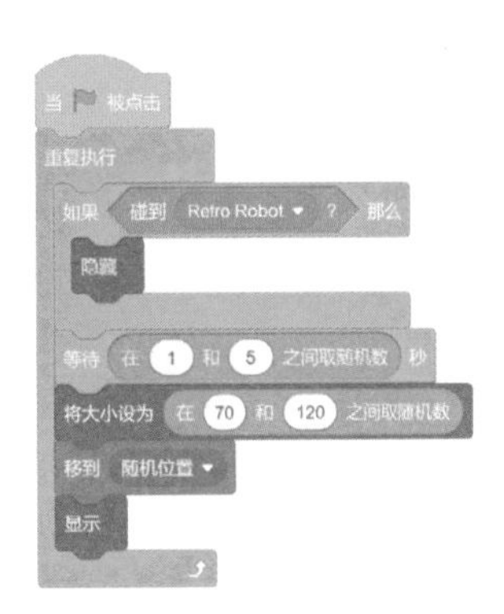

美美 垃圾还有一个在随机位置出现的功能，怎么实现呢？

聪聪 这就需要我们使用外观代码块工具箱中的“显示”代码块，让垃圾显示，然后使用“移到随机位置”代码块实现随机位置。最后垃圾这个角色的程序代码是这样的，你看看做的和我一样吗？

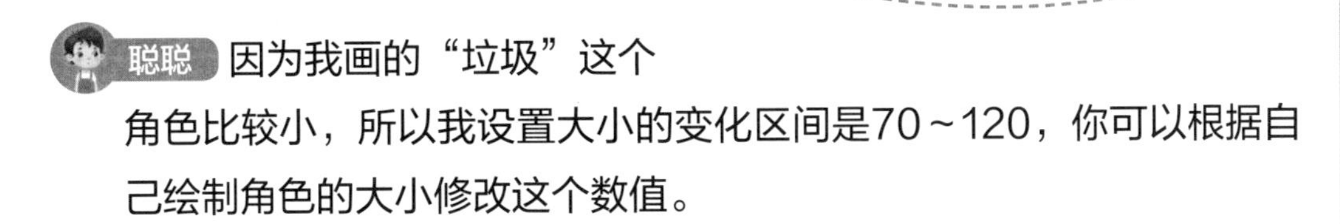

聪聪 因为我画的“垃圾”这个角色比较小，所以我设置大小的变化区间是70～120，你可以根据自己绘制角色的大小修改这个数值。

美美 我们的扫地机器人游戏制作完成了！

第13个任务：设置声音和添加计数器

美美 哥哥，我感觉这个扫地机器人游戏缺了点什么。要是在机器人清理掉垃圾的时候有一些有趣的声音就好了。

聪聪 可以呀。那我们来试试添加声效吧。我还能教你如何设计一个计数器，记录我们清理了多少个垃圾。

美美 太好了！

设置声音

聪聪 你还记得在ScratchJr里面有两个能让角色发出声音的积木吗？

美美 记得！一个是pop，还有一个是录音。

聪聪 在Scratch3.0里面有类似的代码块哦，这就是声音代码块工具箱里的“播放声音等待播完”代码。

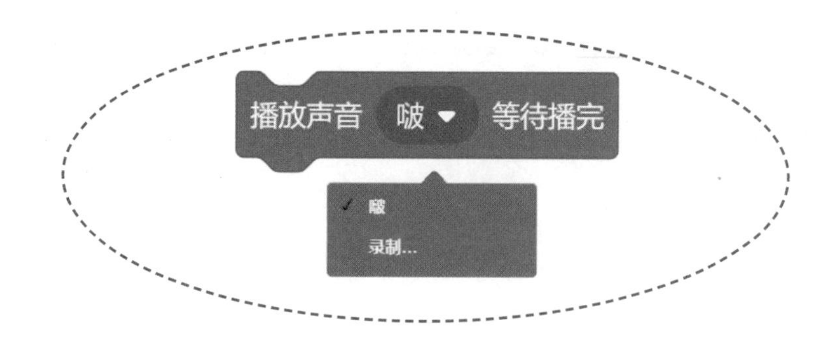

Step1：录制声音

聪聪 这个代码兼具多个功能，有系统默认的声音，另外，点开下拉菜单，里面还有“录制”功能，可以进行扫地声音的录制。你可以用嘴模拟一个扫地的声音录进去。开始录制的画面就像这样。

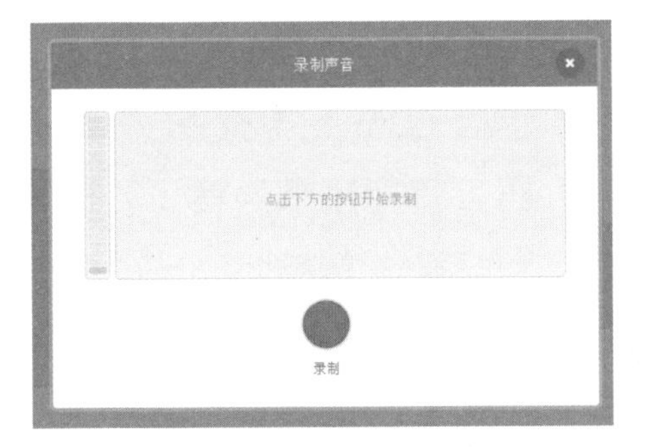

聪聪 在录制完成后，我们第一时间选择停止录制。然后可以播放试听，如果没有问题，就选择保存，如果还达不到想要的效果，也可以选择重新录制，直到自己满意为止。

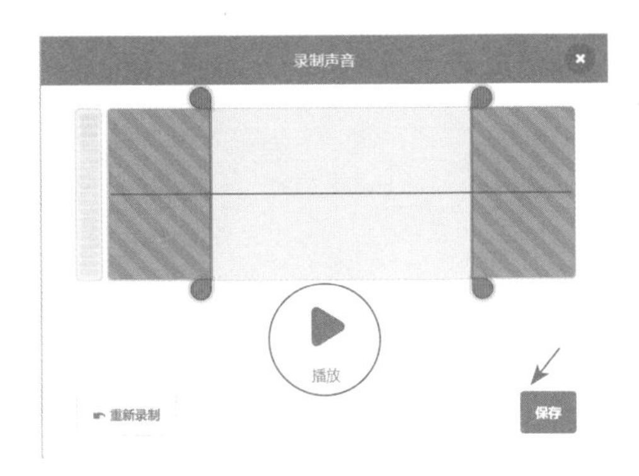

Step2：编辑声音

聪聪 录制完成后，可以利用Scratch3.0自带的工具对我们录制的声音进行编辑，更改声音的名称为“扫地”。

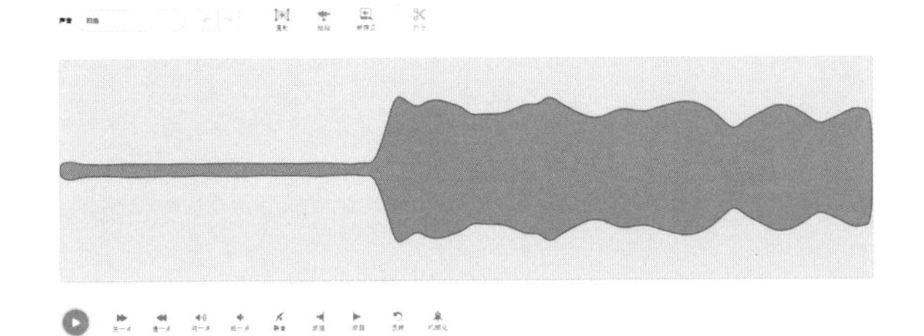

Step3：添加声音

聪聪 我们还可以打开“声音”选项卡，在左下角找到“添加声音”按钮，就能添加声音了，就像添加角色和背景一个道理。

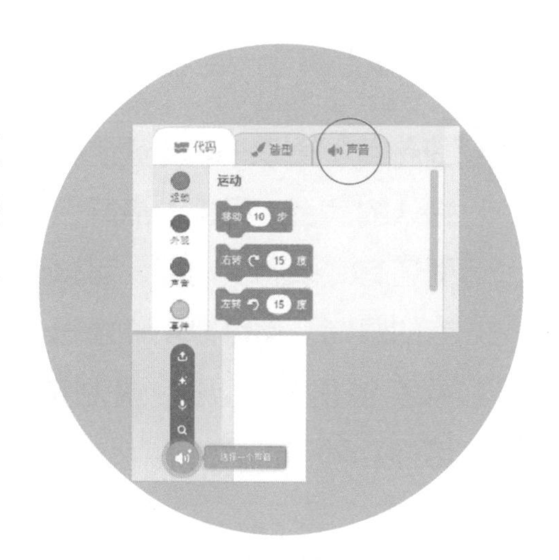

聪聪 你看“播放声音等待播完”代码块的下拉菜单里出现了“扫地”的选项。我们选中它。

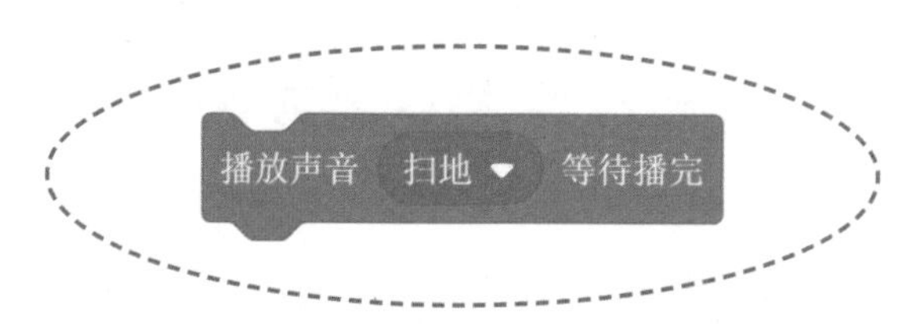

Step4：插入代码块

聪聪 因为是每次扫垃圾时才会出现声音，所以我们将这个代码块添加到垃圾角色的代码中。你还记得我们刚才做过的“扫地机器人游戏”中，垃圾角色的代码是什么吗？

美美 记得!

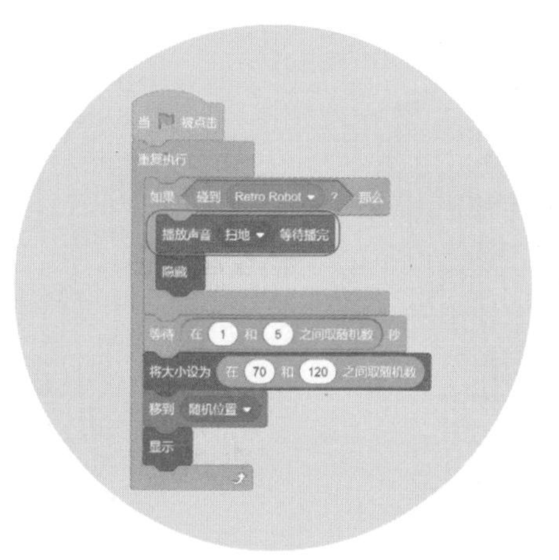

聪聪 我们要在“隐藏”代码前面加入我们刚设置好的“播放声音扫地等待播完”代码块。

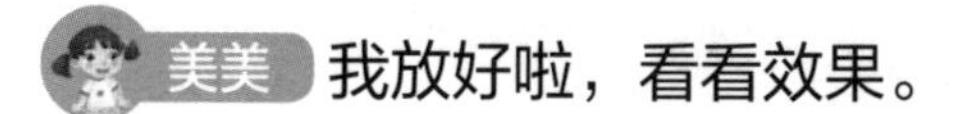

美美 我放好啦，看看效果。

添加计数器

Step1：添加变量

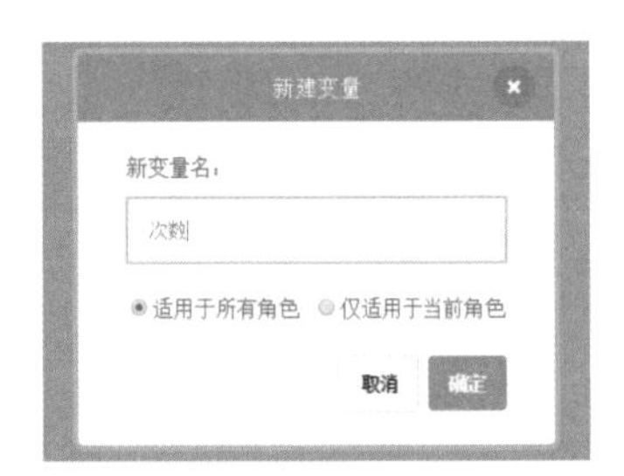

聪聪 下面我们来增加一个计数器的功能。

美美 好的。

聪聪 我们要记录的是垃圾被清理掉的数量，所以这个次数是随着清理垃圾的次数变化的。

美美 有这样的代码块吗?

聪聪 这就需要用到变量代码块工具箱中的“建立一个变量”，添加一个名为“次数”的变量。

美美 变量是什么意思?

聪聪 变量就是一直在变化的数量，它是不定的，就像一个盒子，每次打开里面有多少个球，数量是不一定的，但是都是这个盒子。我们现在就来创建这样一个“盒子”，也就是变量，把这个变量起名为“次数”。

美美 变量代码箱中多了一个“次数”代码块。

聪聪 没错。而且这个代码块旁边的小方框里打了钩，表示已经被选中。同时，舞台的左上角出现了次数的数值显示。这是因为当某一变量被选中时，舞台左侧就会显示相应的内容，当多个变量被选中时，这些变量的数值都会在舞台左侧显示。

Step2：记录次数

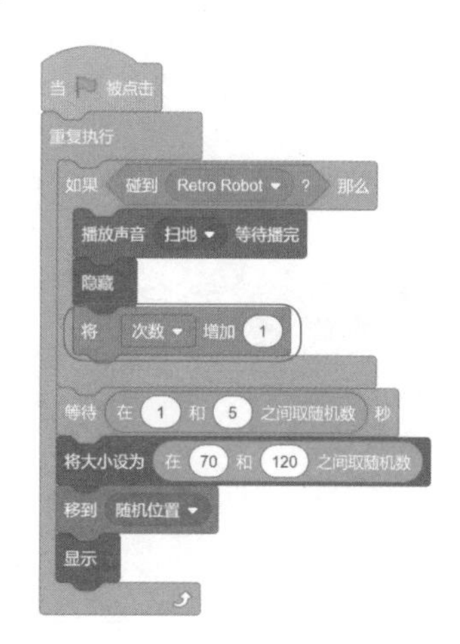

美美 然后怎么能让这个数字变化呢?

聪聪 使用这个计数功能是希望每次扫到垃圾以后，“次数”的变量增加1。那么，我们可以用变量代码块工具箱中的“将XX增加1”代码块。在这里，把下拉菜单选中我们设置的变量“次数”。

美美 它能做什么?

聪聪 每次运行这个代码块时，“次数”变量都会增加1，我们用它来实现计数功能。

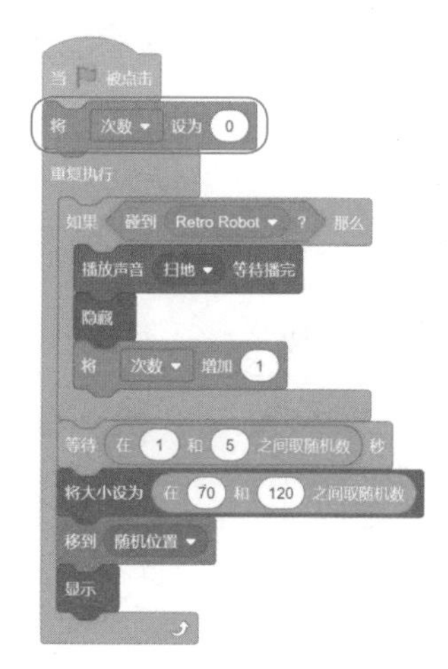

美美 可是，系统怎么知道什么时候要增加1呢?

聪聪 它就要和垃圾清扫的动作挂钩了。我们把“将次数增加1”这个代码块插入垃圾“隐藏”的代码块后面。这样，只要系统侦测到有垃圾“隐藏”了，也就是被清理掉了，那么“次数”就会增加1。

测试效果

聪聪 现在，我们来运行程序，测试一下吧。

美美 哇，这两个功能都实现了。但是，有个问题。我想再玩一次的时候，发现舞台左上角的“次数”还保留着刚才的结果，次数没有归零，而是接着上次的结果再继续增加。这怎么办呢?

聪聪 你发现的问题很好。我们来调整一下。我们还需要使用变量代码块工具箱中的 “将XX设为X”的代码块，来控制程序每次运行时都从指定数值开始计数。这里我们在下拉菜单里选中“次数”，数值选为0，把它放在“当绿旗被点击”代码块下面，作为所有代码的开头。

美美 太好啦！完成了!

下篇
跟着游戏学Scratch3.0

游戏项目1：曲水流觞的故事

美美 哥哥，明天我们班要开班会，大家抽签，抽到谁的名字，谁就要表演节目。太有意思啦！

聪聪 真棒！你想好表演什么节目了吗？

美美 还没有呢。

聪聪 那你给大家制作一个小游戏吧。

美美 好啊。做什么游戏呢？

聪聪 其实，在古代，也有类似这样的“班会”哦。古时候的文人会聚集在一起，来到小溪边，在溪水里放上盛满酒的酒杯，让酒杯从上游漂到下游，酒杯停在谁面前，谁就要把酒喝掉，然后作一首诗。

美美 哇，听起来很有趣，真的像班会表演节目一样呢。

聪聪 古人把这种游戏叫作“曲水流觞（shāng）”，也就是在弯弯曲曲的水里有流动的酒杯，觞就是酒杯的意思。

语文时间

王羲（xī）之写的文章《兰亭集序》中有这样一句话："此地有崇山峻岭，茂林修竹，又有清流激湍，映带左右，引以为流觞曲水，列坐其次。"

意思是说，兰亭这个地方有高峻的山峰、茂盛的树林、高高的竹子，又有清澈湍急的溪流，辉映环绕在亭子的四周，我们引溪水作为流觞的曲水，人们排列坐在曲水旁边。

美美：要怎样设计这样的游戏程序呢?

聪聪：我们一起来尝试一下吧！做之前，先整理一下思路。

项目1的第1个任务：想一想怎么做

刚开始尝试做游戏项目，不要设计得太复杂，可以参考这样的思路来设计哦。

Step1：游戏开始时，酒杯位于溪水的上游位置。

Step2：玩家使用鼠标控制酒杯，让酒杯沿水流方向移动。

Step3：玩家在使用鼠标控制酒杯的过程中，不能让酒杯碰到溪水的岸边，如果碰到了岸边，系统侦测到以后，会让酒杯返回到起点，重新开始。

Step4：如果玩家拖动酒杯顺利到达终点，这时候满酒杯变成空酒杯，并显示一首古诗，古诗从存有古诗的列表里随机选出。

聪聪 下面我们一起来编程吧！

美美 好的！

项目1的第2个任务：导入素材

聪聪 为了让咱们这个游戏项目呈现更好的效果，我把背景图片和角色图片都准备好了，你可以把文件下载到自己的计算机中，然后就可以进行接下来的操作了。

导入背景

Step1：在背景区，把鼠标移动到“选择一个背景”按钮，然后在弹出的菜单中点击“上传背景”。

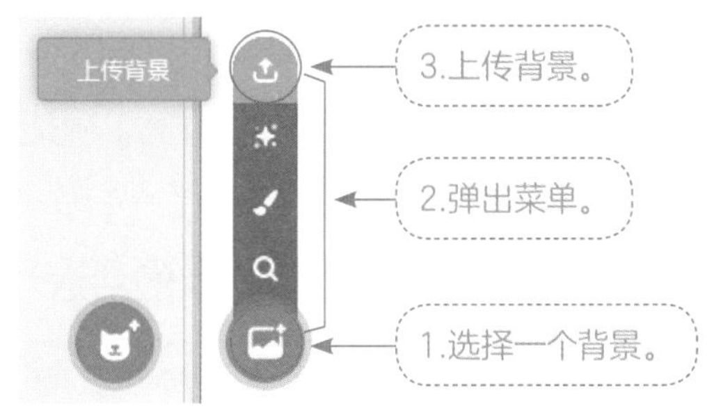

Step2：随后，画面会弹出一个对话框，找到想导入的图片。可以选择刚刚下载的文件所在的位置，然后找到文件夹曲水流觞文件包里面的背景图片。点击“打开”按钮。

1.找到背景图片。

2.点击“打开”按钮。

导入角色

Step1：在角色区，删除原有的小猫角色。把鼠标移动到“选择一个角色”按钮，然后在弹出的菜单中选择“上传角色”。

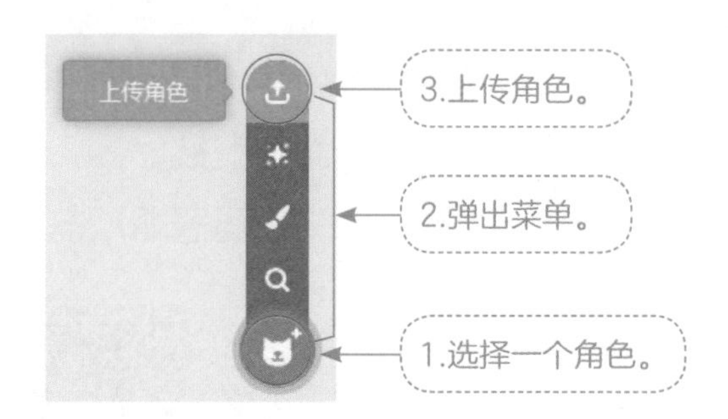

Step2：在弹出的对话框中，同样找到下载好的文件包，找到“酒杯满”图片，点击“打开”按钮。

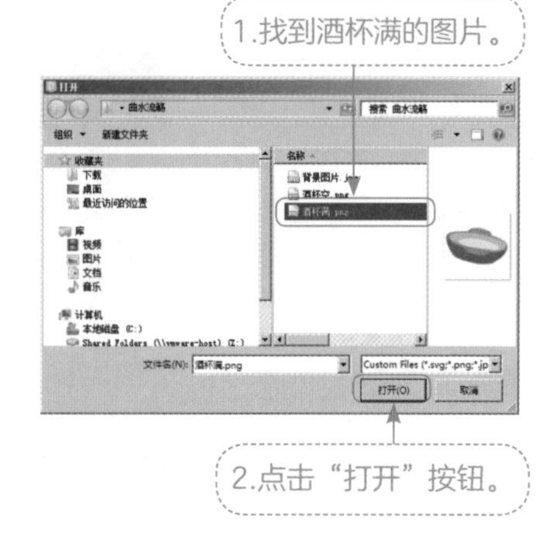

美美 为什么有“酒杯满”和“酒杯空”两个图片呢?

聪聪 对于一个角色而言，可以有多种造型，都可以在“造型”选项卡中进行编辑。在这个游戏中，我们会通过“酒杯满”到“酒杯空”的造型变化，表达酒杯成功到达终点后酒被喝掉的故事情节。后面的游戏中，我们还会通过多个造型的连续变化制作角色运动的动态效果。它们是同一个角色呈现出的不同样子。

美美 可是，怎么能让Scratch知道我接下来要加入的图片不是新的角色，而是同一个角色的新造型呢?

聪聪 这就需要切换到“造型”选项卡了。为了更加清晰，可以把“酒杯满”这个默认的角色名称改成“酒杯”，然后点击舞台左侧的“造型”选项卡，再给它添加一个“酒杯空”的造型。

Step3：点击“造型”选项卡。

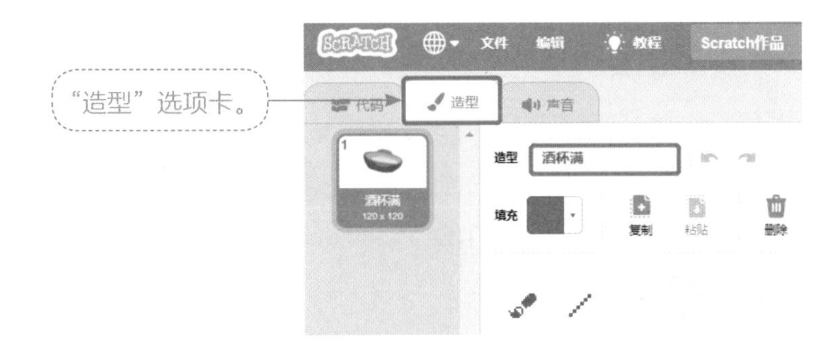

Step4：在“造型”选项卡亮起的情况下，把鼠标移动到左下角的小猫头像上，它是“选择一个造型”按钮，点击菜单中的“上传造型”。

Step5：在弹出的对话框里面找到“酒杯空”的图片素材，点击“打开”按钮。

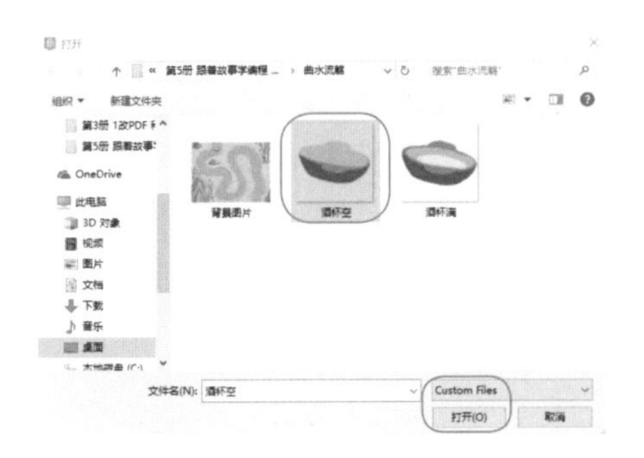

Step6：这时候，酒杯角色就有两个造型了，一个是“酒杯满”，一个是“酒杯空”。你可以检验一下，当切换两种造型的时候，右边角色区只有一个酒杯的角色，只不过它的角色图会随着你点击酒杯的两个造型而切换显示。

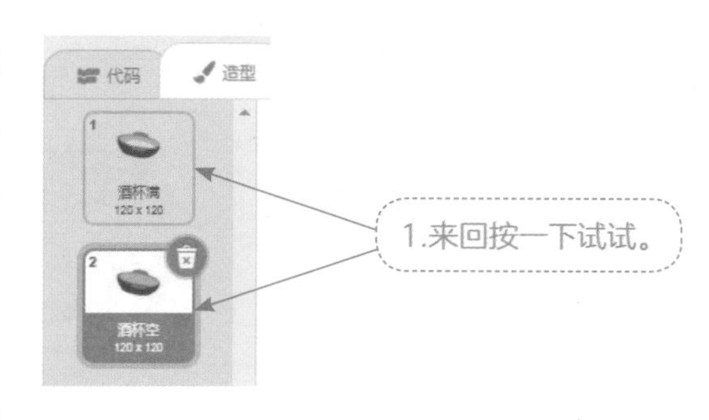

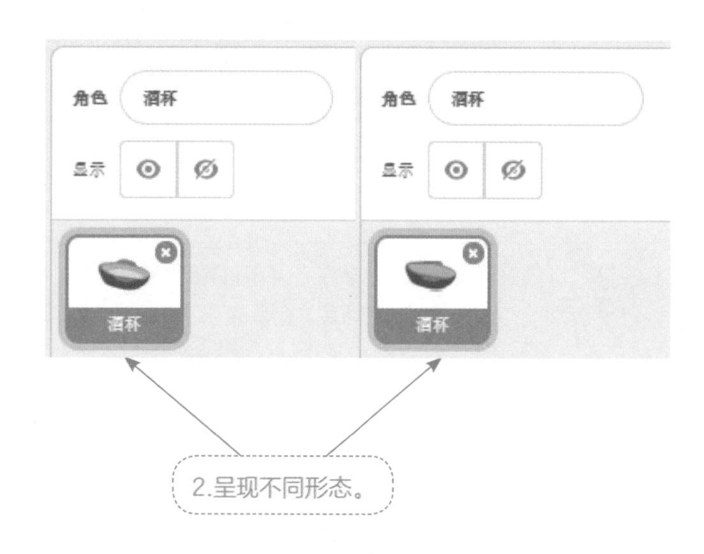

导入音乐

聪聪 为了丰富游戏呈现出来的效果，我们还可以给游戏添加一个背景音乐，烘托气氛。

美美 怎么导入声音呢?

Step1：点击“声音”选项卡。

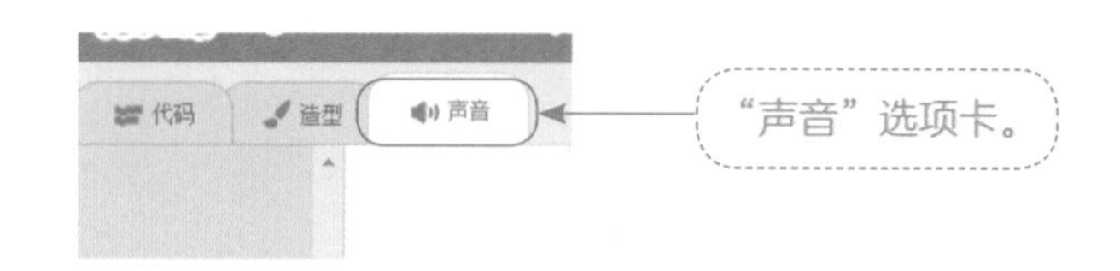

Step2：把鼠标移动到左下角的“选择一个声音”图标，在弹出的菜单中找到“上传声音”按钮并点击。

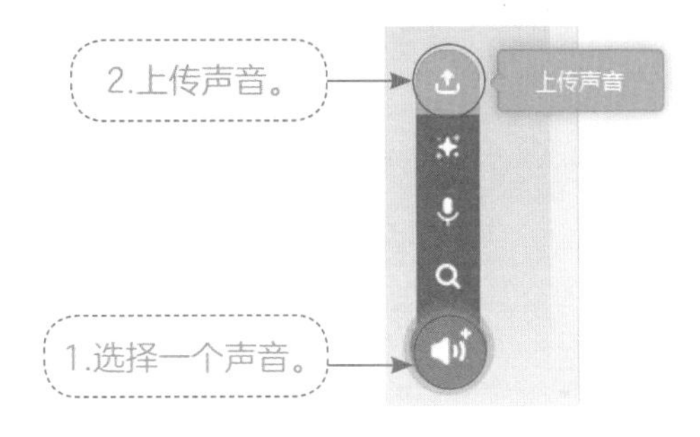

Step3：在弹出的对话框中，找到“背景音乐”素材，点击“打开”按钮。

Step4：这时候，“声音”选项卡中就会出现这个声音素材的声波图像。你可以使用图像下方的按钮让音乐快一点、慢一点，或者产生回声、机械化的效果，也可以让音乐的音量响一点或者轻一点，还能反转这个声音哦。

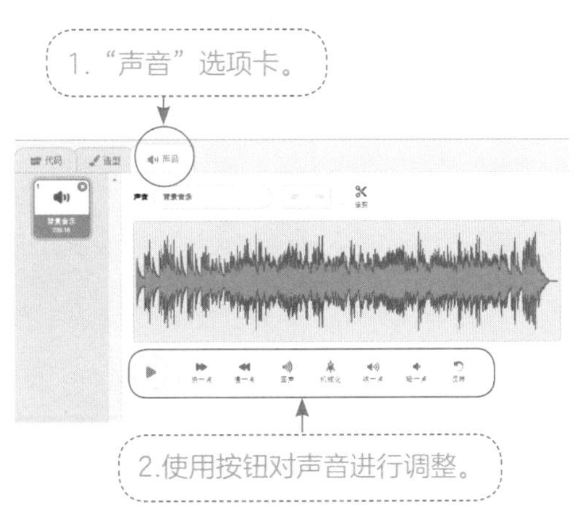

项目1的第3个任务：游戏编程

使用鼠标控制酒杯

Step1： 我们要在角色区调整角色的属性，让它与背景更好地搭配。首先把角色的大小调整为30，让它的大小刚好能够放进水流当中。然后，把酒杯角色的初始位置拖动到水的上游。

Step2：在“代码”选项卡中，打开运动代码块工具箱。

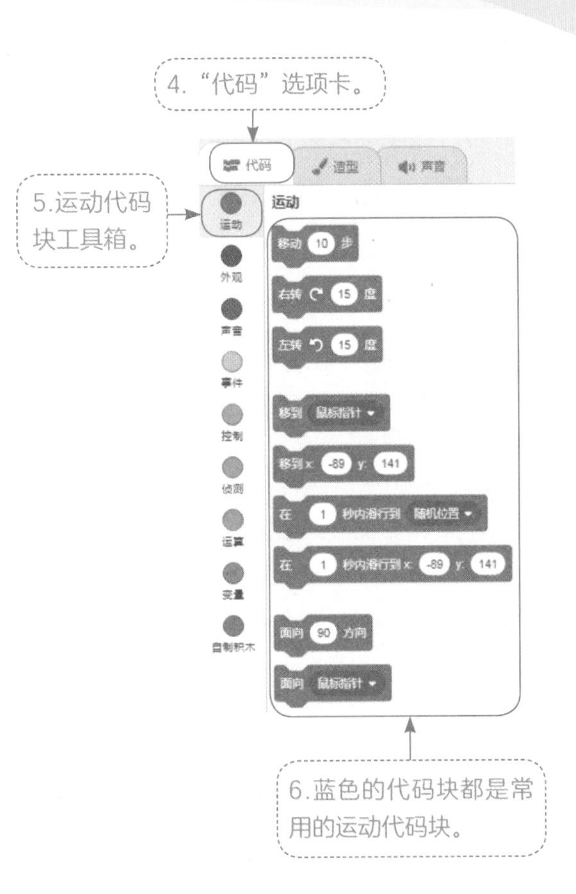

Step3：尝试正确的鼠标移动方式。

聪聪 接下来，我们需要给酒杯角色编程，让它能够跟随玩家的鼠标进行移动。你知道应该选择哪个代码块吗?

美美 我在运动代码块工具箱中看到了“面向鼠标指针”和“移到鼠标指针”两个和鼠标有关的代码块。用哪个好呢?

聪聪 我们可以分别尝试一下。我搭建好了一组代码块，你试试它的效果吧。

美美 我试了一下，酒杯会跟着我的鼠标移动，但是它会旋转，看起来翻倒了。如果我不加“移动2步”这个代码块，会是什么效果呢?

聪聪 你可以自己尝试一下，酒杯只会原地面向鼠标旋转角度，但不会跟着鼠标移动。

美美 如果我不加“重复执行”代码块呢？只让酒杯“面向鼠标指针”并“移动2步”，效果会怎么样呢？

聪聪 因为没有“重复执行”的指令，所以当你点击代码块时，酒杯只会根据当下鼠标的位置转动一次方向和移动2步，但不会一直跟着鼠标运动了。

美美 哦，有办法改进它吗？怎么才能不让它翻倒，而是只跟着鼠标走呢？

聪聪 你可以试试运动代码块工具箱里的“将旋转方式设为××”代码块哦。这个代码块的倒三角箭头中有多个选项，我们可以选择“不可旋转”。

美美 那我先把酒杯的旋转方式设为“不可旋转”，再让它面向鼠标移动。现在的效果就是我们想要的啦！

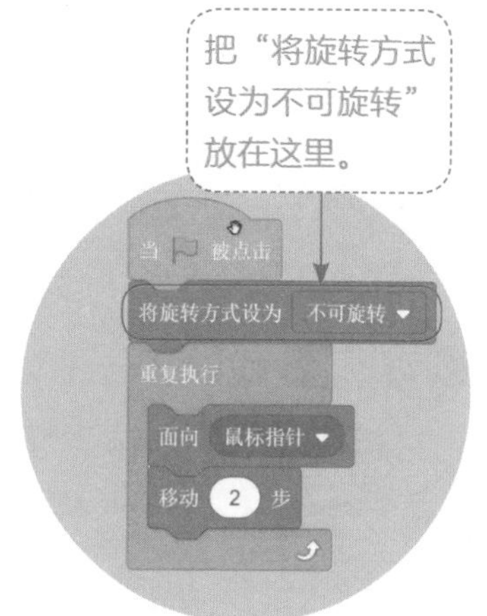

聪聪 对，没错。可以通过“当绿旗被点击”代码块来控制程序的运行。

聪聪 刚才我们发现和鼠标指针有关系的代码块有两个，让我们再来试试“移到鼠标指针”这个代码块吧。“移到鼠标指针”这个代码块有两个选项，我们选择“鼠标指针”。

美美 像这样吗？不需要加“移动2步”吗？

聪聪 你先试试效果吧。

美美 我试了试，不需要加“移动2步”，酒杯就可以跟随鼠标一起移动，而且是和鼠标紧密地在一起呢。

聪聪 看来你已经发现了“移到”和“面向”的不同。使用“移到鼠标指针”，酒杯会紧跟鼠标移动，可以降低游戏难度。使用“面向鼠标指针”移动时，酒杯的运动会更加灵活，使游戏更具趣味性，你会选择哪种方式呢？

酒杯碰到岸边就回到最初位置

聪聪 在游戏中，玩家控制鼠标不让酒杯碰到岸边才能通过溪流。如果鼠标移动的位置过多，酒杯会超过溪流的边界，这个时候就要让酒杯回到最初的位置，从上游重新开始游戏。

美美 这个有点难呀，Scratch怎么能知道酒杯碰到了岸边呢？

聪聪 你看，溪水是蓝色的，而岸边是黄色的。我们可以根据颜色侦测酒杯是否到达了岸边。我们可以使用“碰到颜色”代码块。具体碰到哪个颜色，可以在后面的圆圈中选择。

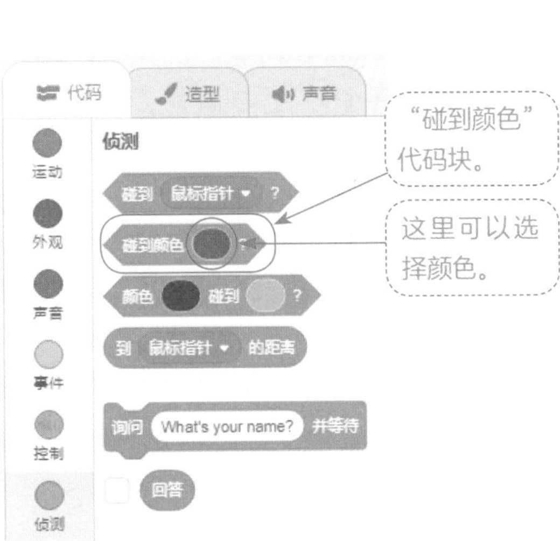

美美 怎样才能准确地选中岸边的颜色呢？

聪聪 点击颜色的圆圈，在最下方有一个吸管图标。在背景图片上吸取岸边的黄色就可以了。

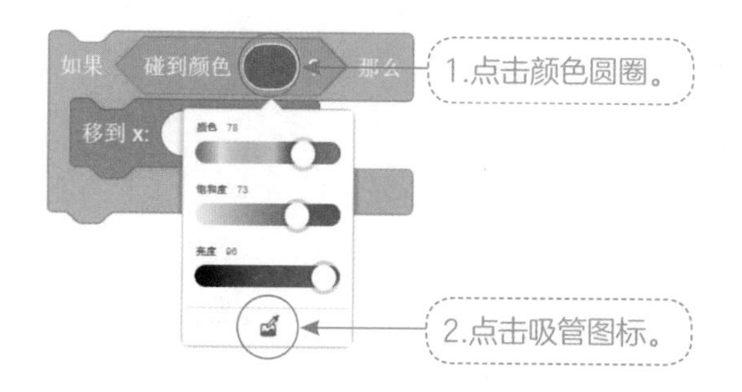

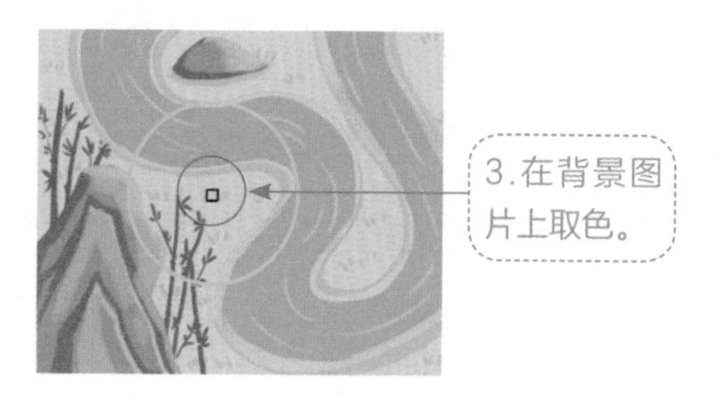

聪聪 看到“碰到颜色”这个代码块是菱形的，你会想到什么？

美美 我记得以前学过“如果–那么”代码块，条件部分的形状就是这样的。

聪聪 没错。这次也要使用“如果–那么”代码块来进行判断。因为我们需要达到的效果是，如果酒杯碰到黄色（也就是图中岸边的颜色），那么酒杯就要回到上游位置。

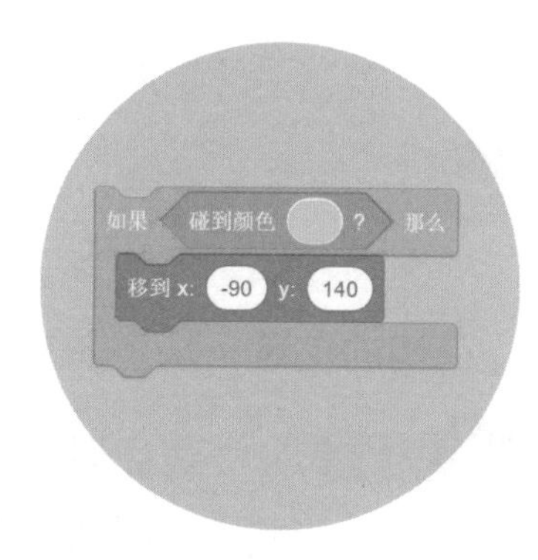

美美 现在条件有了，可是，回到上游位置这个结果，我怎么实现呢？

聪聪 可以设定坐标位置，让酒杯回到舞台指定的位置。

美美 这个x是–90和y是140怎么算出来的呢？

聪聪 其实不是算出来的。你移动酒杯，回到最初的位置，在角色区的坐标指示位置就会出现x和y的坐标数值了，你记住它。从游戏开始时，就把酒杯的最初位置设定为这个位置，就可以了。

录入古诗

聪聪 如果玩家顺利地把酒杯移动到溪水的下游，他就闯关成功了。根据曲水流觞的故事，这时候应该作一首诗。我们给游戏增加一个显示古诗的效果吧。

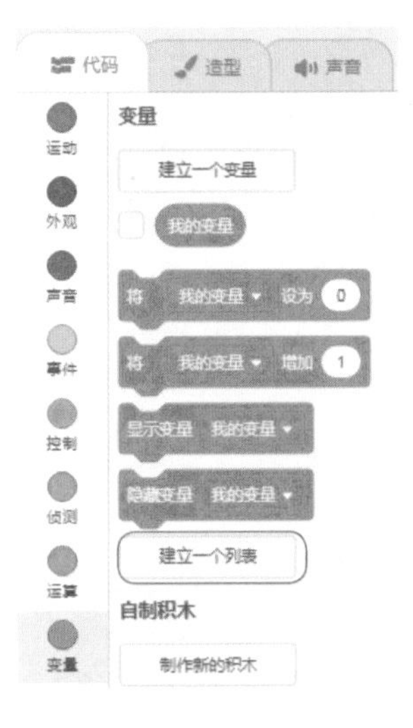

美美 太好玩了！要怎么做呢？

聪聪 只显示同一首古诗太单调了，可以让多首古诗随机出现一首，我们可以将古诗录入列表中。

美美 列表是什么？以前没有学过呀。

聪聪 列表是一个按顺序排列的表格，就像我们使用音乐播放器听歌时，把想听的歌曲都放在一个播放列表里一样。我们把需要存储的东西一行一行地放入列表中。在变量代码块工具箱中，有“建立一个列表”功能。

聪聪 点击列表左下角的加号可以添加多首古诗。你可以选择你喜欢的古诗输入进去。

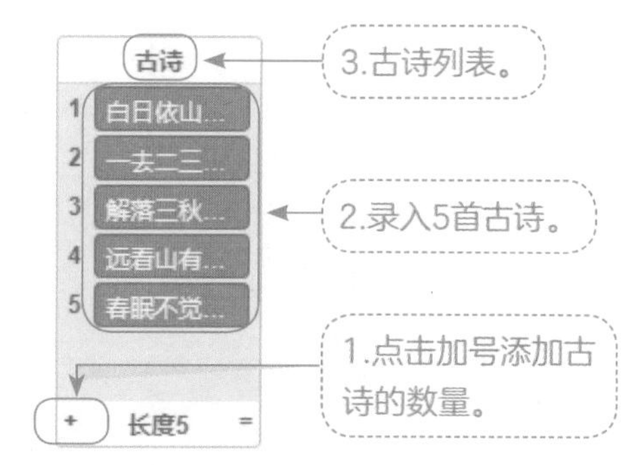

美美 哦，如果我不小心输入错了，想删掉一首，怎么办呢？

聪聪 一个列表中可以存储多个项目，每个项目都有一个编号，可以通过这个编号对列表中的特定项目进行查找、增加、修改、删除哦。

判断酒杯是否到达终点

聪聪 刚才我们录入了古诗，这样，如果酒杯能够顺流而下，成功到达下游，就要显示一首古诗。

美美 但是，下游好像没有什么特殊的颜色可以用来判断呀。

聪聪 水最后流到舞台的尽头了。那么，我们可以通过侦测代码块工具箱中的“碰到舞台边缘”来判断酒杯是否走到了终点。它可以和“如果-那么”代码块配合使用。

美美 那它的结果应该是随机显示一首古诗，应该用哪个代码块呢？

聪聪 要把古诗显示出来，我们可以用“说”代码块，也就是放一个文字泡出来。要达到随机效果，就在“说”的内容里面再加一个代码块，让它在我们刚才建立好的“古诗”列表中，从1和5之间取随机数（刚才我们录入了5首古诗）。

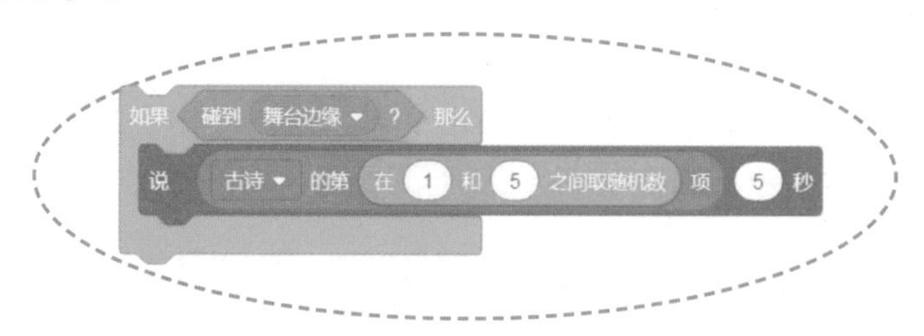

改变酒杯的造型

聪聪 依据曲水流觞的故事，当酒杯到达终点时要把酒杯中的酒“喝掉”再来吟诗。在这里，可以让酒杯从满的酒杯变成空的酒杯来表现这个效果，我们可以用“换成××造型”代码块来完成这个效果。具体是什么造型，下拉菜单中会显示出酒杯的两个造型，即“酒杯空”和“酒杯满”。当酒杯到达终点时，可以让酒杯的造型换成“酒杯空”造型。

美美 这样就完成了吗？

聪聪 还差一点。我们要多想一步。如果游戏结束了，玩家想再玩一次怎么办呢？我们要让角色恢复原来的样子，也就是，要让它换成“酒杯满”造型。而且，还要让酒杯回到最初的位置，还记得那个坐标吗？

美美 记得。我搭建好了角色的代码块啦！

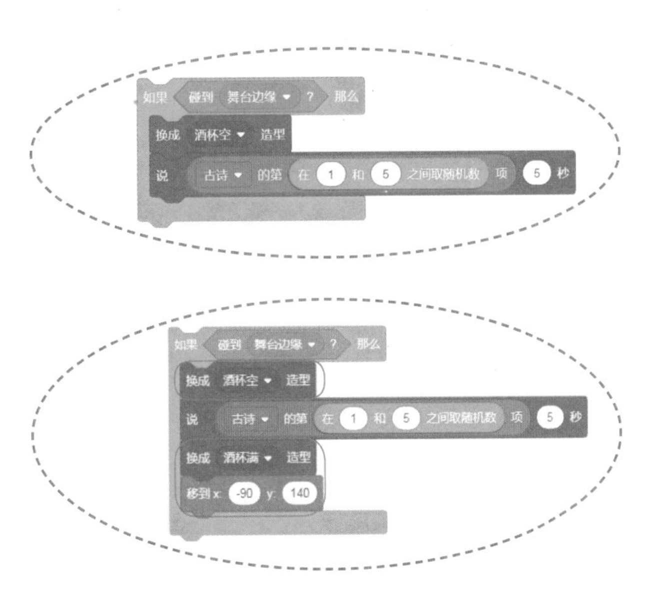

添加背景音乐效果

聪聪 别忘了，我们还要添加背景音乐的效果哦。

美美 刚才不是导入过音乐了吗？

聪聪 仅是导入还不行，没有程序控制，它是不会产生效果的，我们需要用代码块来控制背景音乐的播放才行。

美美 怎么做呢？

Step1： 点击选中舞台背景。

Step2： 在声音代码块工具箱中找到与播放声音有关的代码块。

舞台

背景

美美 我看到了两个，其中一个比另一个多了“等待播完”，它们有什么区别吗？

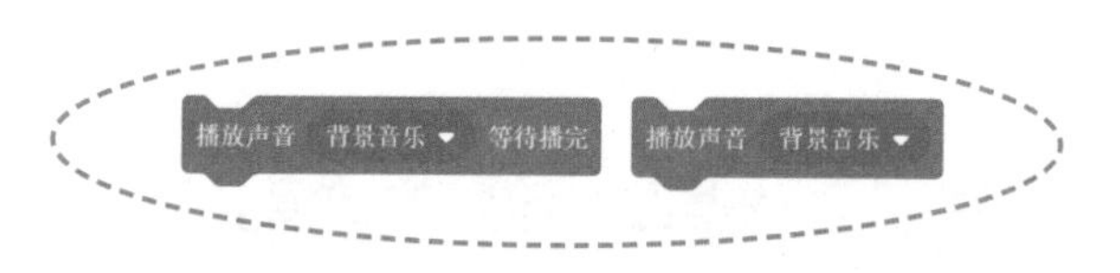

聪聪 两个代码块都能用来播放音乐，我们应该使用哪个呢？怎么才能让背景音乐在游戏过程中一直播放？

美美 使用“重复执行”不就可以了？让我来试一试。

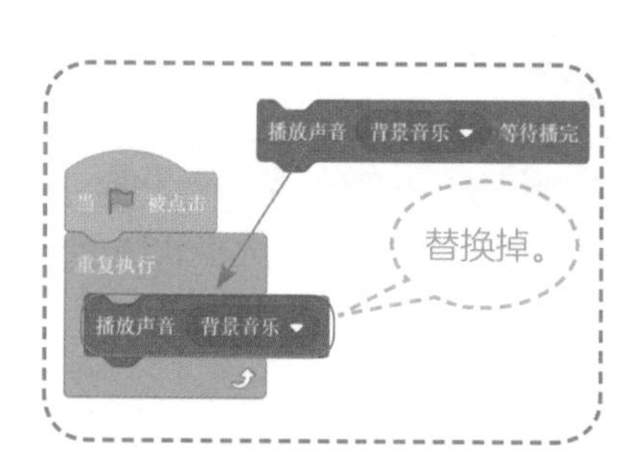

美美 这样好像不行，直接使用“播放背景音乐”只能播放一次，加上重复执行，想让它再重新播放，却没了声音。

聪聪 你再试试在重复执行中加入“播放声音背景音乐等待播完”，替换掉“播放声音音乐背景”代码块吧。

美美 这下可以了。看来要“等待播完”再重复执行才可以。

聪聪 我们把所有的代码组都检查一遍吧。

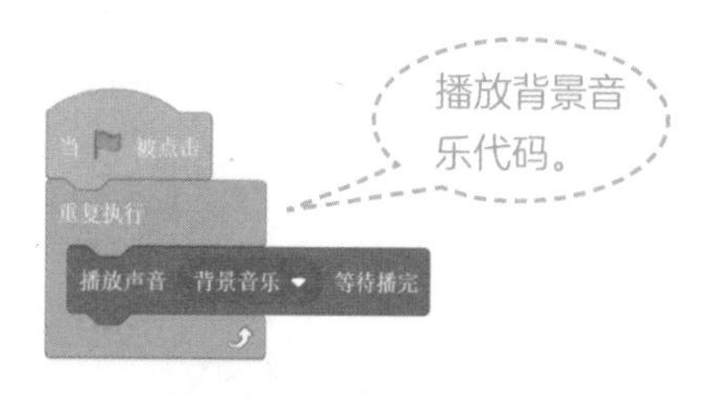

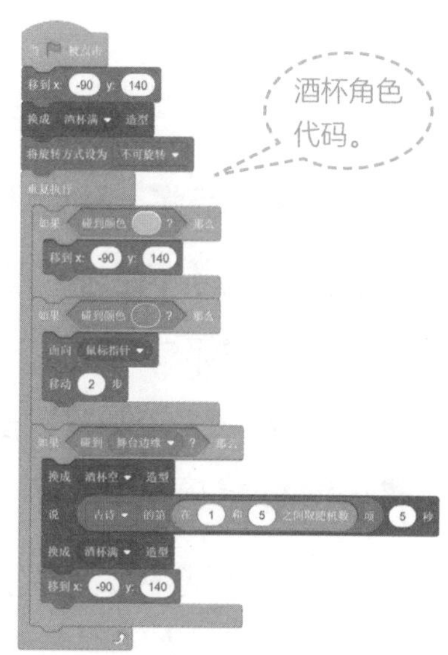

游戏项目2：萧何月下追韩信的故事

聪聪 咱们来做一个两个人一起玩的对战游戏吧！

美美 太好了！可以一个人跑，另一个人追！

聪聪 是的。古时候也有这样的故事。一个叫韩信的人，几次给汉王提建议，但是都没有被采纳。汉王在用人之际也没有给他封很大的官。韩信觉得自己有才华但是没有受到重用，于是心灰意冷地骑马想要离开。丞相萧何知道韩信是一个很有才干的人，不想让他离开，于是乘着月色快马加鞭追赶韩信，希望把他追回来，劝他为汉王效力。

美美 听起来很有意思呀。那我们做一个萧何追韩信的对战游戏吧！

聪聪 好的，这次要让两个玩家分别操控两个角色，咱们先想一想怎么做。

语文时间

你知道吗，历史上与韩信有关系的成语非常多，我们一起看看两个有名的成语吧。

· 推陈出新

成语意义：指去掉旧事物的糟粕（zāo pò），取其精华，并使它向新的方向发展（多指继承文化遗产）。

语文时间

成语典故：韩信刚投奔刘邦时，刘邦让他管理粮仓。韩信发现，因为粮食从同一个门进出，所以每次开仓放粮的时候，拿出来的都是最近放入仓库的新粮食，而旧粮食因为被堆放在里面，总是拿不出来，最后放坏了，都浪费了。于是，韩信提出了“推陈出新”的管理理念。粮仓开设前后两个门，新粮从前门运送进去，旧粮从后门运出来，这样可以防止粮食腐败变质，不再有变质浪费的现象。

· 背水一战

成语意义：指在不利情况下和敌人做最后决战，比喻面临绝境，为求得出路而做最后一次努力。

成语典故：楚汉相争的时候，刘邦任命韩信领兵攻打赵国。赵王带了20万大军来袭，而韩信只带了1万多人马。为了打败赵军，韩信将1万人驻扎在河边，列了一个背水阵，另外派一些骑兵潜伏在赵军军营周围。交战后，韩信带领的官兵面临大敌，后无退路，只能拼死奋战。这时潜伏的骑兵乘虚攻进赵营，赵军遭到前后夹击，很快就被打败了。

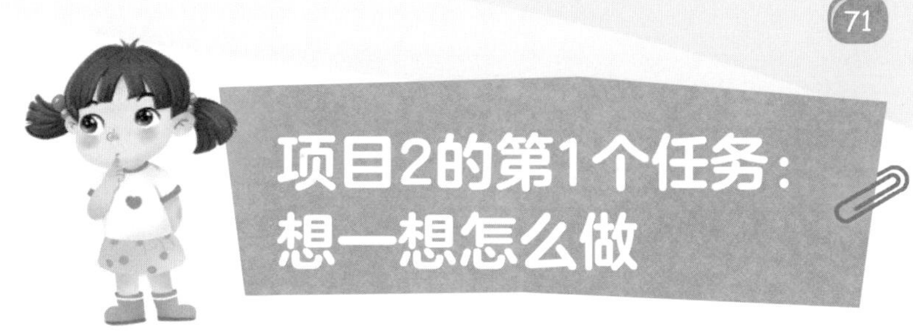

项目2的第1个任务：想一想怎么做

想一想，萧何追韩信的游戏应该怎么设计呢？

Step1：游戏开始时，萧何和韩信骑马奔跑，韩信在前，萧何在后。

Step2：两个玩家使用计算机键盘上的不同按键来分别控制韩信和萧何的奔跑方向。

Step3：当萧何追上韩信时，游戏跳转到游戏成功界面。

Step4：当点击重玩（Replay）按钮时，重新开始游戏。

项目2的第2个任务：导入素材

聪聪 你能想到这个游戏中有几个角色吗？

美美 应该有萧何和韩信吧。不过，他们都骑了马，马算另外的角色吗？

聪聪 你想得很全面。在这个游戏中，萧何和韩信始终没有下马，所以可以把人和马看作一个整体，我们只需要添加两个角色就可以了。

美美 这个游戏中的角色，在素材库中也没有，我们也要导入专门的素材吗？

聪聪 是的，我已经帮你准备好了。

导入背景

Step1：和前面游戏项目的操作方法一样。首先，在背景区把鼠标移动到“选择一个背景”按钮，然后在弹出的菜单中点击“上传背景”。

Step2：在弹出的对话框中分别找到“背景图片1”和“背景图片2”，然后点击“打开”按钮。记得要分别操作两次哦。

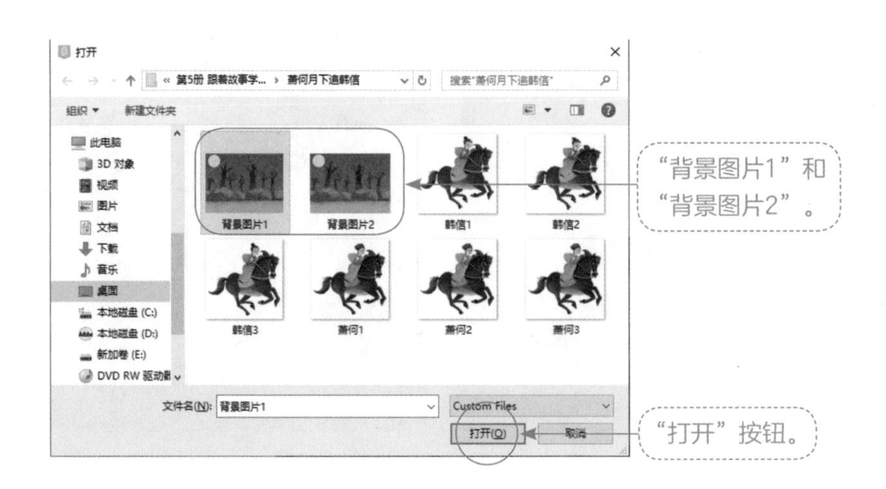

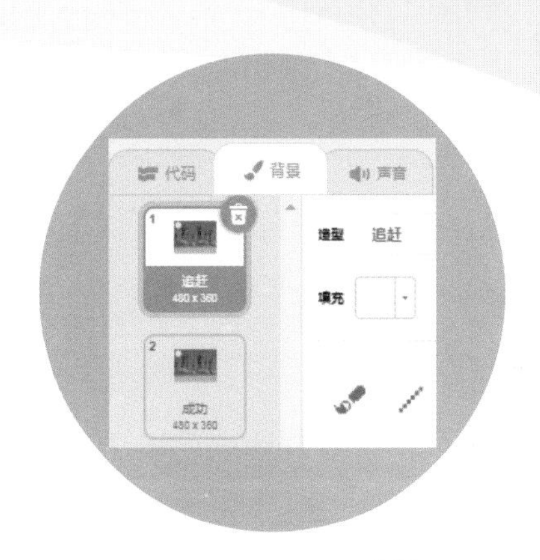

Step3：把“背景图片1”的名称改为“追赶”，把“背景图片2”的名字改为“成功”。合理的命名可以方便我们在编写程序时更加准确地使用素材，也可以让程序更加易于理解，一定要养成合理命名的好习惯哟。

导入角色

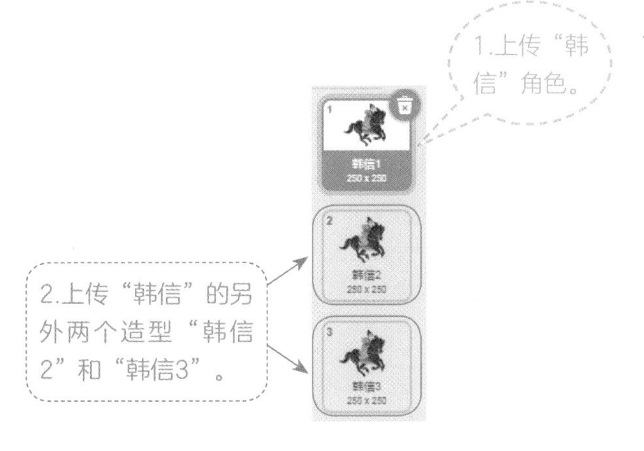

Step1：把鼠标移动到右下角“选择一个角色”，在菜单中点击“上传角色”，选取素材图“韩信1”，把角色名称改成“韩信”。

Step2：点开“造型”选项卡，在左下角，把鼠标移动到“选择一个造型”，点击“上传造型”，分别把“韩信2”和“韩信3”两个图片载入，作为“韩信”这个角色的不同造型。

上传同一个角色的不同造型时，一定要先点击左上角的“造型”选项卡，使用左边的“上传造型”按钮。右边的是“上传角色”，注意看它们弹出来的文字提示哦。

对于同一个角色的不同造型来说，第一个上传的素材图的名称就是这个角色的名称，你也可以对角色的名称进行修改。

Step3：用同样的方法导入“萧何1”，将角色名称改为“萧何”。

Step4：点开“造型”选项卡，在左角，把鼠标移动到“选择一个造型”，点击“上传造型”，分别把“萧何2”和“萧何3”两个图片载入，作为“萧何”这个角色的不同造型。

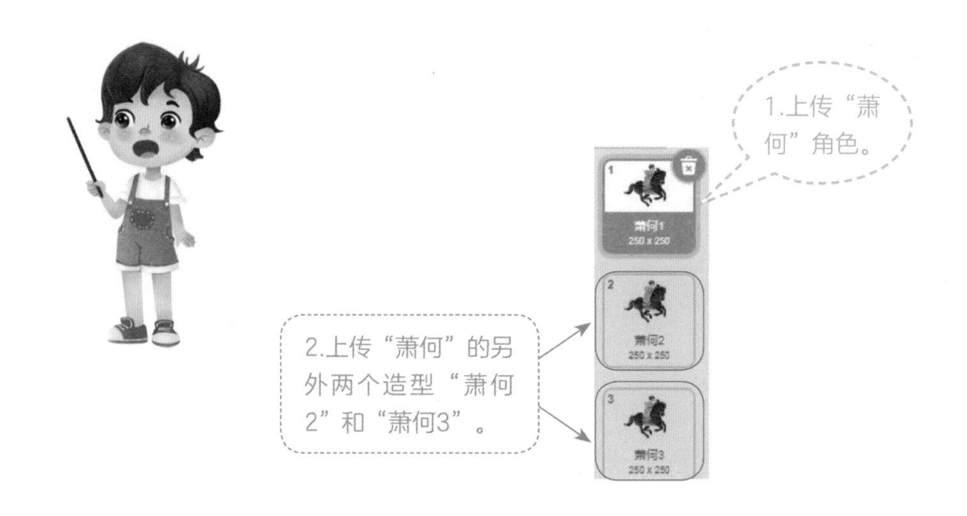

Step5：别忘了把系统默认的小猫角色删掉哦。

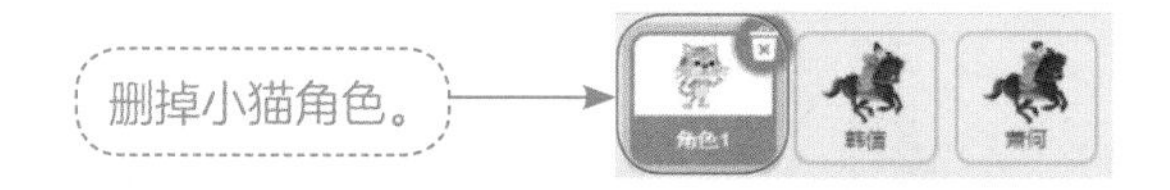

导入声音

Step1：在右下角背景区点击背景。

Step2：点击“声音”选项卡，再点击“选择一个声音”按钮，打开音效库。在动物音效库中找到马蹄声“Gallop”和马叫声“Whinny”。

Step3：将声音添加到背景中。

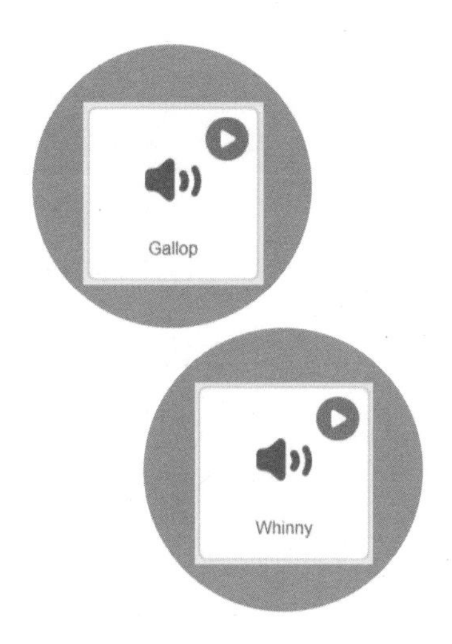

项目2的第3个任务：游戏编程

实现马奔跑效果

Step1：调整两个角色的大小。

美美 刚刚导入的角色是不是大了些呢？

聪聪 是呀，还记得上个游戏中酒杯的大小是怎么调整的吗？

美美 嗯，直接在角色区修改数值就可以了，我觉得大小修改为40就差不多了。

Step2：实现马奔跑效果。

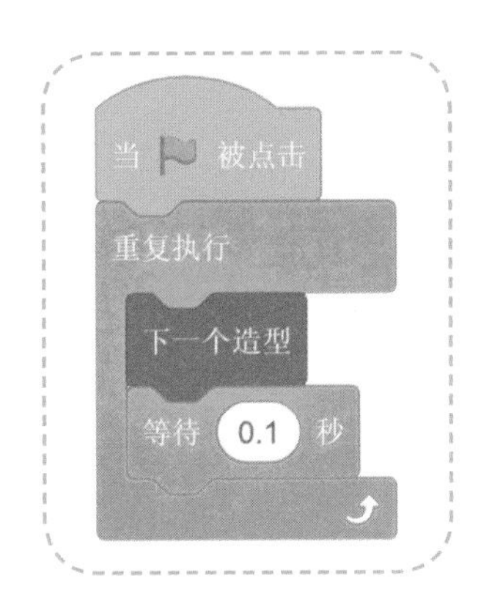

美美 每个角色有3个造型，应该怎么使用它们呢？

聪聪 这次，我们需要让角色的3个造型不断切换，使角色呈现出马奔跑的动画效果。我们可以这样编程来实现。

美美 “下一个造型”代码块能让角色自动跳转到下一个造型吗？

聪聪 是的。为了切换更加自然，我们可以在每个造型之间让它“等待0.1秒”。还要“重复执行”哦，让动作不要停下来。

美美 给“韩信”和“萧何”两个角色都写同样的这段代码组吗？

聪聪 没错。你可以把“韩信”的代码组拖动到“萧何”的角色卡上面，当“萧何”角色亮起时，松手，这样代码组就复制过去啦。记住，在编程之前，一定要先切换到“代码”选项卡哦。

使用鼠标控制角色移动

美美 这次要让两个玩家一起玩，我使用“上下左右”箭头的话，另一个人用什么按键控制角色呢？

聪聪 如果是双人游戏，通常大家还会使用“W、S、A、D”键作为“上、下、左、右”的控制按钮。你在键盘上试一试，它们几个按钮是不是也刚好处在“上下左右”的位置呢？

①给“韩信”编程

聪聪 我们可以使用事件代码块工具箱中的“当按下××键”代码块来分别给“上、下、左、右”箭头编写相应的动作命令。

Step1：在“韩信”角色被选中的情况下，我们选择“代码”选项卡。先给右键的按钮编写程序。把“当按下××键”拖到编程工作区，然后在下拉菜单中选择“→”。

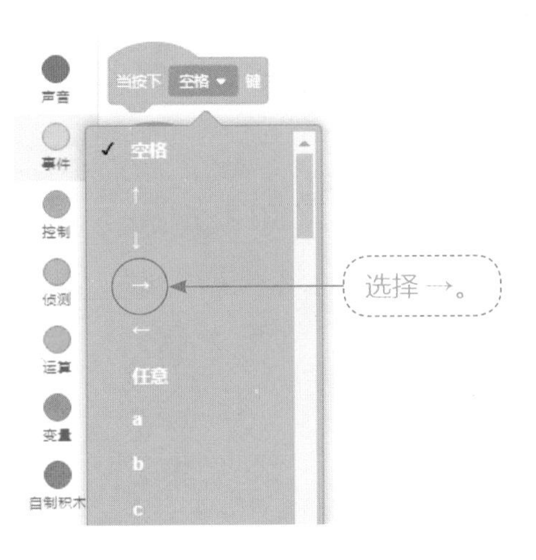

Step2：然后在“当按下→键”代码块下面添加“面向90方向”代码块和“移动3步”代码块。

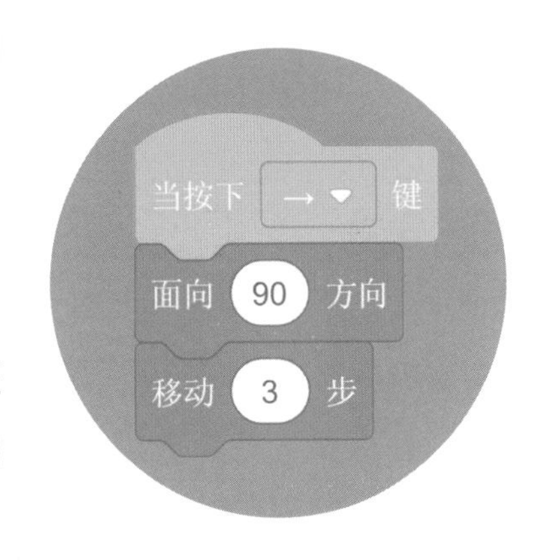

美美 为什么是面向90方向呢?

聪聪 你可以把舞台想象成一个钟表，在Scratch 里面把12点钟的方向设置为0，而3点钟的方向设置为90，也就是向右的方向。

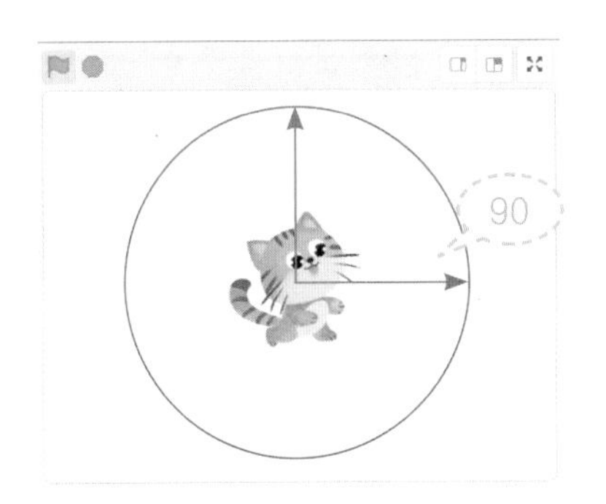

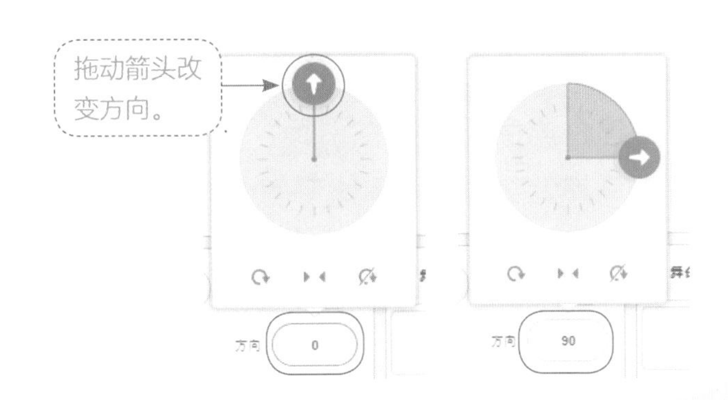

美美 那其他方向呢？

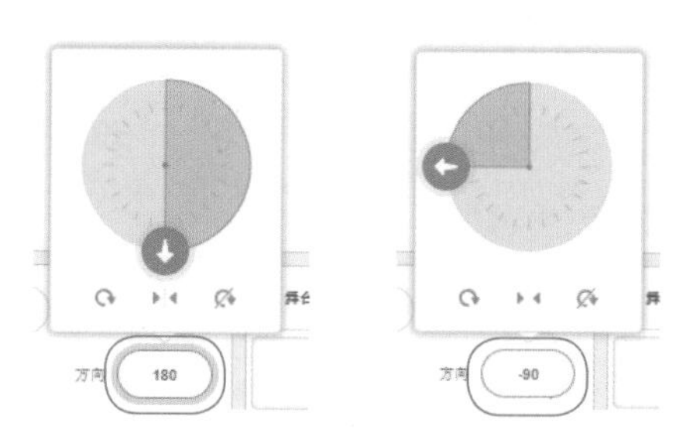

聪聪 向下是180，向左是-90，你记不住也没关系，只要拖动箭头指向想要的方向就可以了。

Step3：给向下、向左、向上几个箭头按键也添加上控制角色运动的代码块吧。因为这几个代码组类似，所以你可以直接复制已经写好的代码组给另外3个。你可以在代码组上先点击鼠标右键，点击“复制”，然后进行修改。

②给“萧何”编程

Step1：接下来要给“萧何”这个角色编辑4个方向运动的代码组了。你也可以把“韩信”的4个控制方向的代码组直接复制给“萧何”。

Step2：把“当按下××键”里面相应的箭头改一下，在下拉菜单里找到对应的“W、S、A、D”这几个字母即可。

③测试程序并改进

美美 哥哥，我发现一个问题，当我点击向下箭头的时候，“韩信”这个角色虽然能往下跑，但是它和马都大头冲下了，这可怎么办呢？

聪聪 你还记得我们以前也遇到过类似的问题吗？当时使用了哪个代码块解决的呢？

美美 好像是“将旋转方式设为不可旋转”。

聪聪 在这里要是设置成“不可旋转”，虽然可以解决大头冲下的问题，但是你会发现向左跑时，马头也转不过去了。在旋转方式里还有一种“左右翻转”，你试试这样是不是就可以解决了。

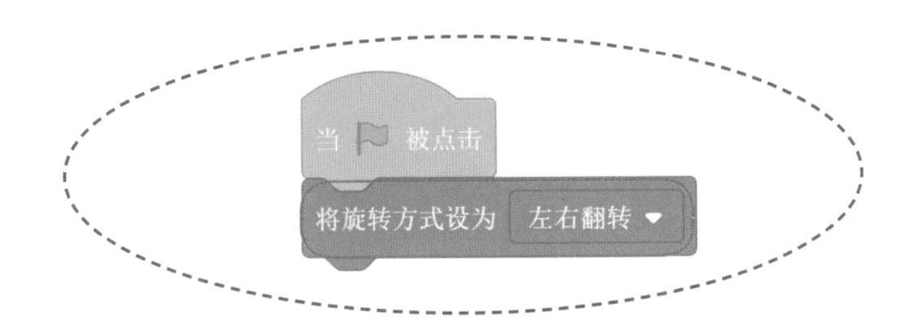

使用坐标控制角色

Step1：设置初始位置。

美美 我还有一个问题，我们的游戏是让萧何追上韩信，那么在游戏开始的时候，让他们保持什么样的距离，会比较好呢？

聪聪 我们可以通过坐标来准确控制它们的开始位置。让韩信在(x:100, y:−100)的位置，让萧何在(x:−100, y:−100)的位置，比较合理。

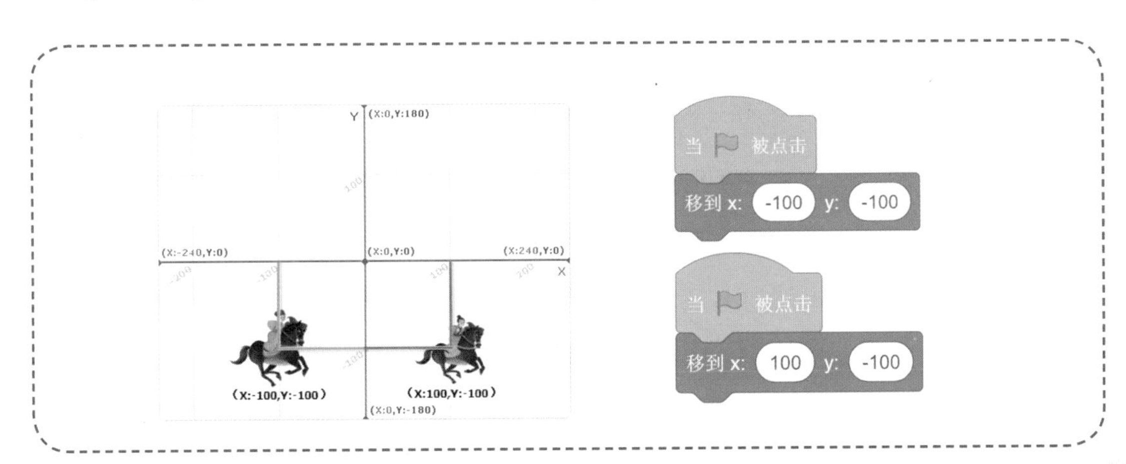

聪聪 让它们回到初始位置，大头不冲下的代码是这样的。

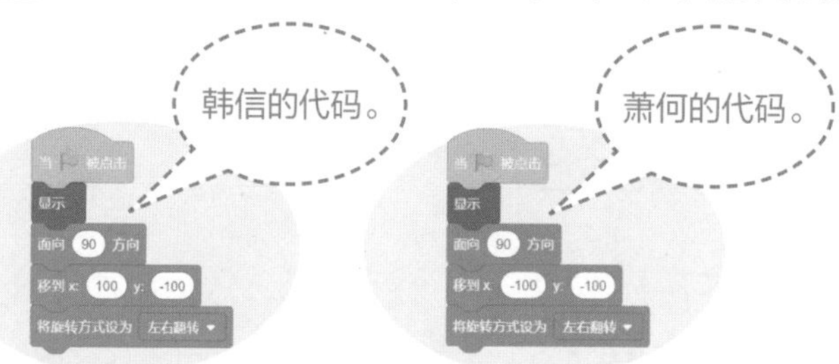

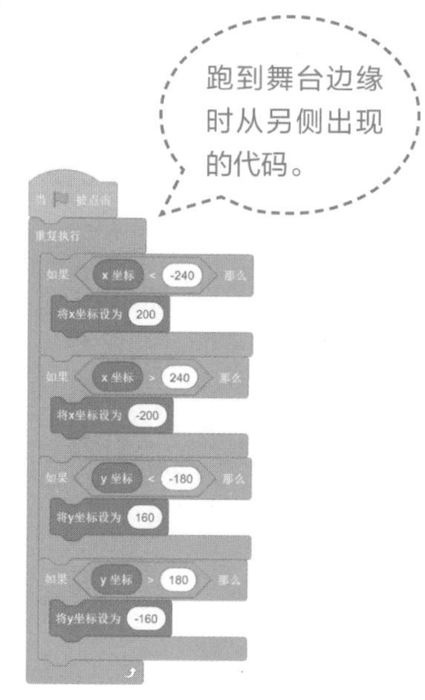

Step2： 角色反复出现。

美美 那么，现在问题又来了。韩信的位置在舞台右侧，它很快就跑出舞台了，游戏怎么持续进行呢?

聪聪 为了拓展舞台效果，当角色跑到舞台边缘时，我们可以将角色快闪到舞台的另一侧，让它好像从舞台的另一侧又跑了出来。右边的代码组就是韩信和萧何两个角色跑到舞台边缘时从另外一侧出现的代码。

判断萧何是否追到了韩信

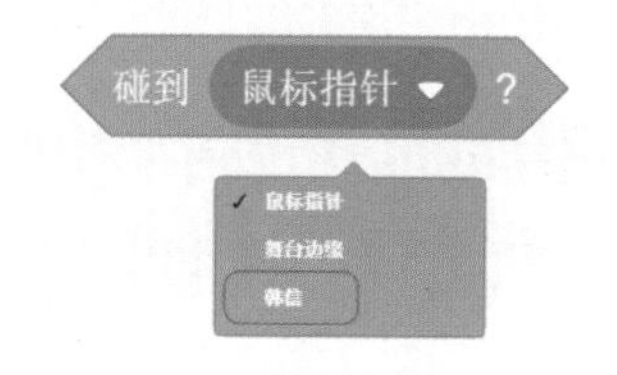

美美 如果萧何追到了韩信，那么游戏就结束啦，这时候应该有什么效果呢?

聪聪 我们在最开始的时候导入了两个背景，其中一个背景写着“游戏成功”，我们可以让背景跳转到“成功”的背景。如果萧何追到了韩信，说明两个角色碰到了。我们可以使用“碰到××”代码块来判断。

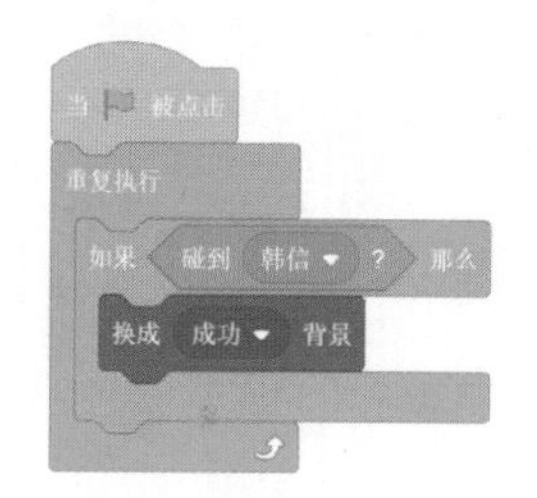

美美 那么我先选择角色“萧何”，然后点击侦测代码块工具箱中的“碰到××”代码块，把下拉菜单中的选项改为“韩信”。

美美 我可以让“碰到韩信”作为“如果–那么”中的条件，把换成“成功”背景作为它的结果。

编辑声音效果

聪聪 接下来，我们要给游戏编辑声音效果了。在一开始，我们已经在背景中导入了两个声效。我们希望在游戏过程中播放马蹄声“Gallop”，当萧何追到韩信时播放马叫声“Whinny”。你可以在背景中添加下面的代码。

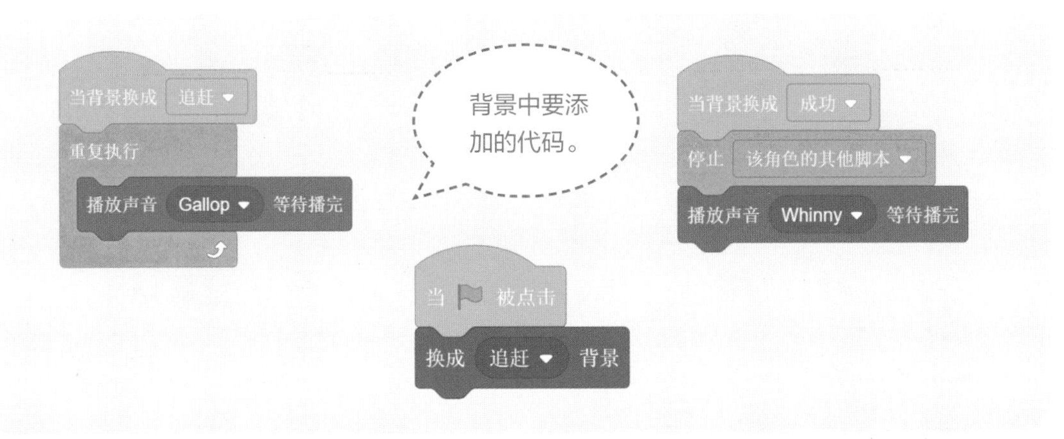

美美 程序中“停止该角色的其他脚本”这个代码块的作用是什么呢?

聪聪 如果没有这个代码块，背景还会一直有马蹄的声音。所以，使用这个代码块可以停止另外一段播放马蹄声代码的运行。

美美 编辑声音的代码块，为什么旁边有一组“当绿旗被点击”+“换成追赶背景”的代码呢? 直接写成“当绿旗被点击”播放马蹄声不就行了?

聪聪 如果没有它，就播放不出马蹄声了。因为在第一次“当绿旗被点击”开始游戏的时候，没有背景的切换，所以播放马蹄声的代码没有运行。直接使用“当绿旗被点击”触发也可以，之所以这样写，是为了方便后面我们设置游戏“重玩”的功能。

设置重玩按钮

聪聪 最后一步啦！当萧何追到韩信以后，游戏结束了，我们来设置一个重玩按钮吧。

Step1：把鼠标移动到“选择一个角色”图标上，点击“选择一个角色”，打开素材库。

Step2：在角色库里选择一个按钮角色“Button2”，给角色命名为“重玩按钮”。

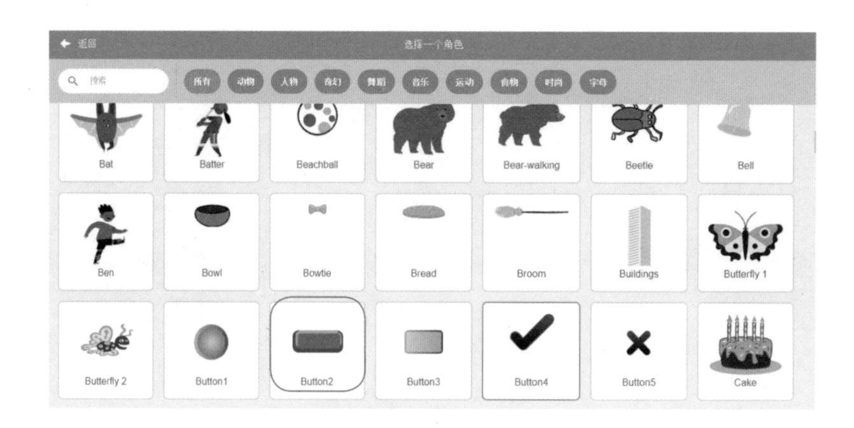

Step3：这个时候，按钮图标上是没有字的，我们点击角色的“造型”选项卡，使用文本工具为按钮添加“Replay”（重玩）提示文字。

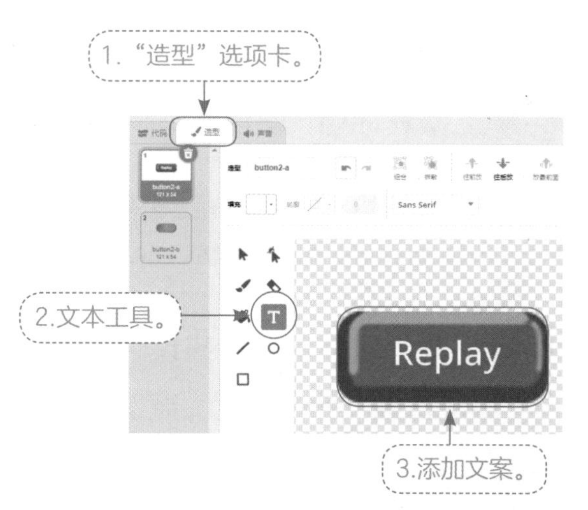

聪聪 当这个重玩按钮被点击以后，我们应该让游戏恢复到刚开始。首先，背景应该回到“追赶”。我们可以在“重玩按钮”这个角色上编写程序。同时，在进行追赶游戏时要让这个按钮消失，只有在成功背景下才显示出来。为了能重新开始游戏，当背景换成“追赶”时，要对萧何和韩信显示的位置和方向进行设置。

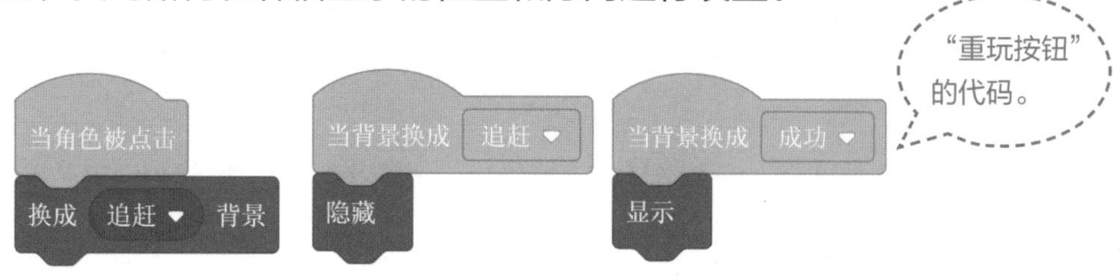

美美 全部都完成了，我们一起来检查一下吧。

①韩信的代码

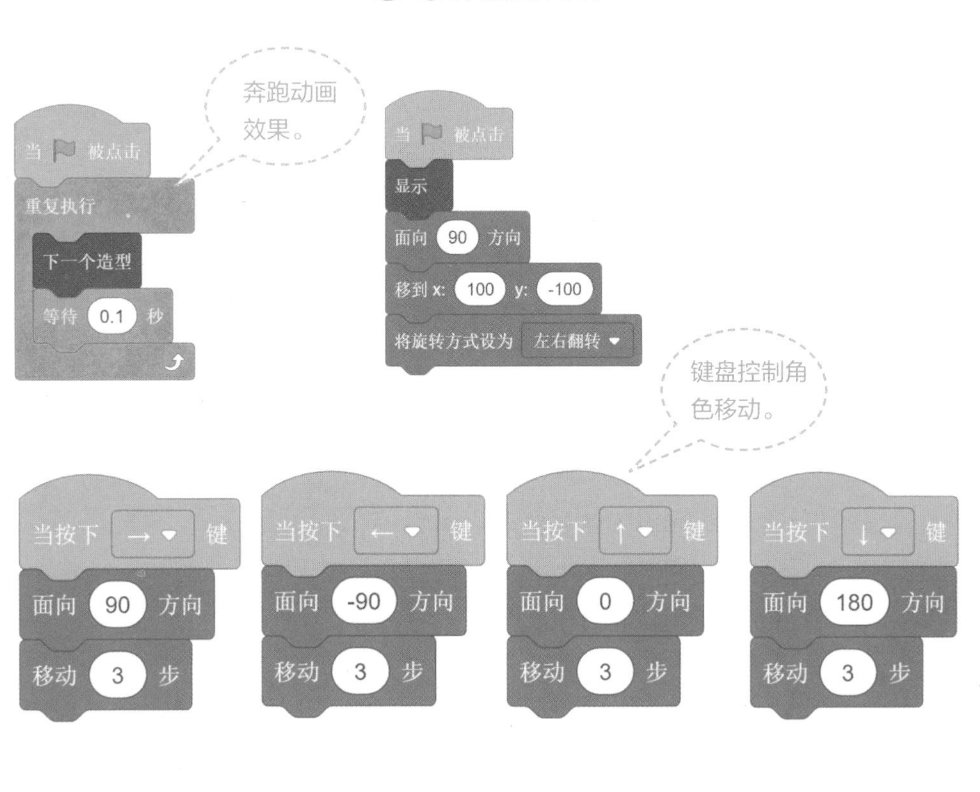

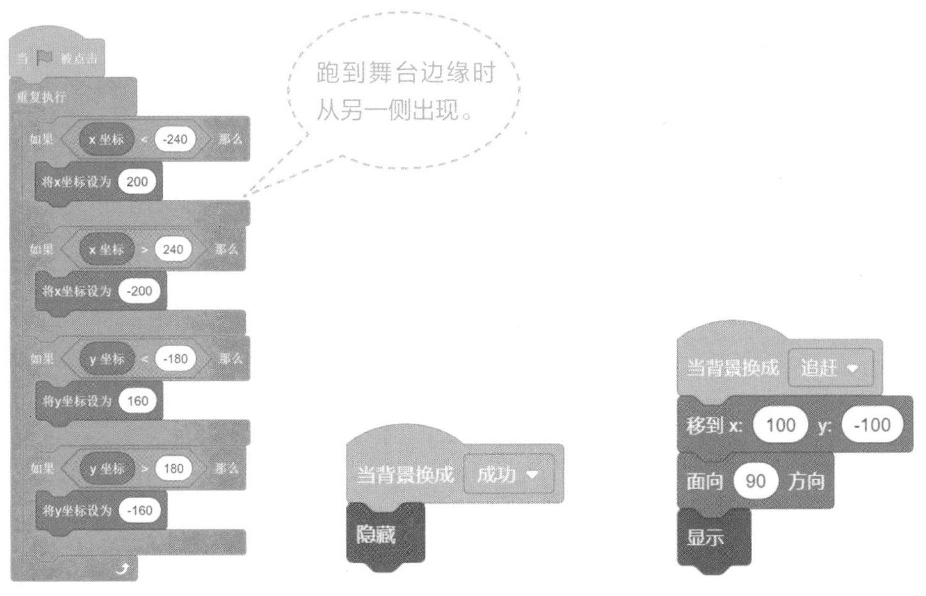

②萧何的代码

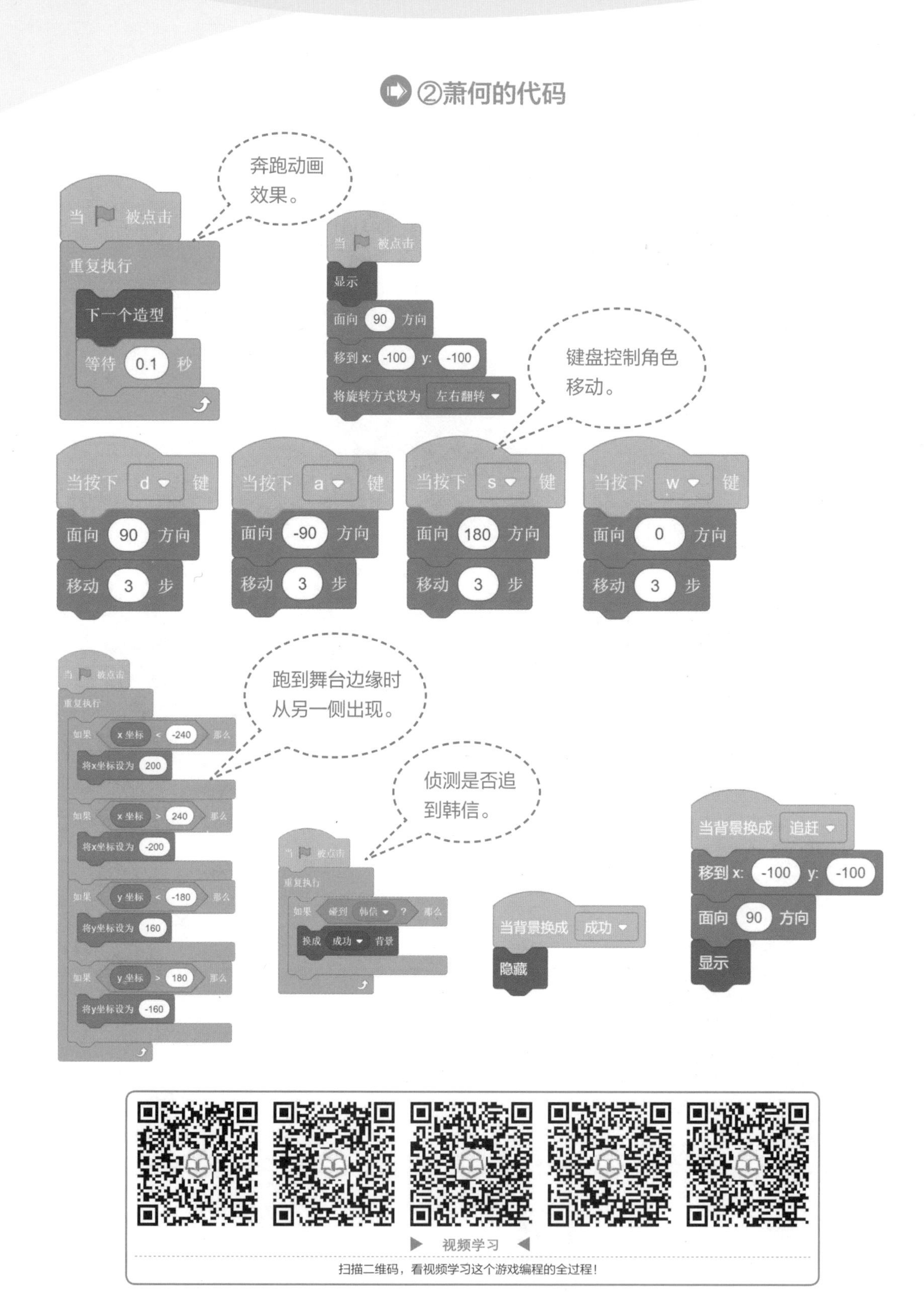
奔跑动画效果。
当 被点击
重复执行
下一个造型
等待 0.1 秒
当 被点击
显示
面向 90 方向
移到 x: -100 y: -100
将旋转方式设为 左右翻转
键盘控制角色移动。
当按下 d 键
面向 90 方向
移动 3 步
当按下 a 键
面向 -90 方向
移动 3 步
当按下 s 键
面向 180 方向
移动 3 步
当按下 w 键
面向 0 方向
移动 3 步
跑到舞台边缘时从另一侧出现。
当 被点击
重复执行
如果 x 坐标 < -240 那么
将x坐标设为 200
如果 x 坐标 > 240 那么
将x坐标设为 -200
如果 y 坐标 < -180 那么
将y坐标设为 160
如果 y 坐标 > 180 那么
将y坐标设为 -160
侦测是否追到韩信。
当 被点击
重复执行
如果 碰到 韩信 ? 那么
换成 成功 背景
当背景换成 成功
隐藏
当背景换成 追赶
移到 x: -100 y: -100
面向 90 方向
显示
视频学习
扫描二维码，看视频学习这个游戏编程的全过程！

游戏项目3：后羿射日的故事

聪聪 接下来，我们来编写一个射箭的游戏吧。有这样一个故事。传说远古的时候，有10个太阳，它们轮班工作，1个太阳爬上天空，另外9个化成鸟，在扶桑神树上休息。但是有一天，10个调皮的太阳一起跑了出来。结果天气变得十分炎热，大地干旱了，树木全部枯萎，人们无法生活。有一个名叫后羿的壮士手里有9支神箭，这种神箭能够把太阳射下来。你能编写一个游戏小程序，帮助后羿射下9个太阳吗？

项目3的第1个任务：想一想怎么做

Step1：游戏开始时，天上有10个太阳炙烤着大地。

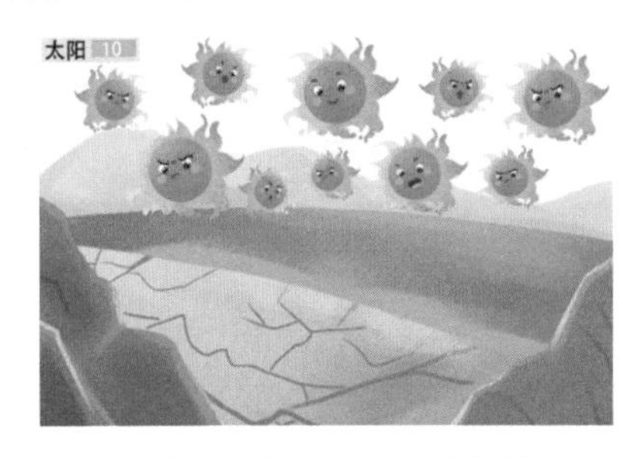

Step2：后羿的形象出现，提示玩家点击后羿开始游戏。

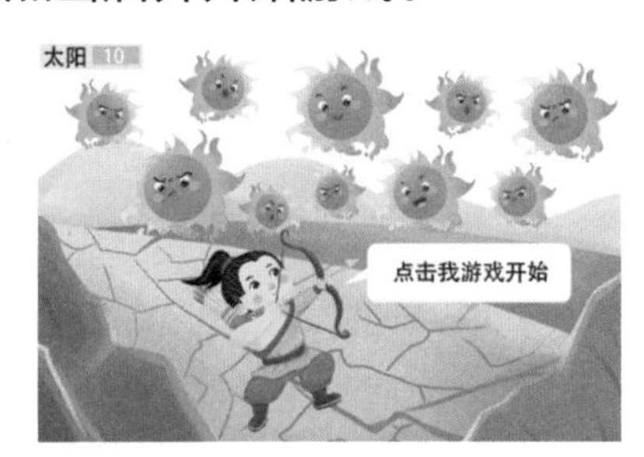

Step3：太阳在天上四处移动，玩家要使用方向键调整弓箭的方向瞄准太阳，当按空格键时发射箭射太阳。如果太阳被射中，记录太阳个数的数值减少1，下一个太阳出现。

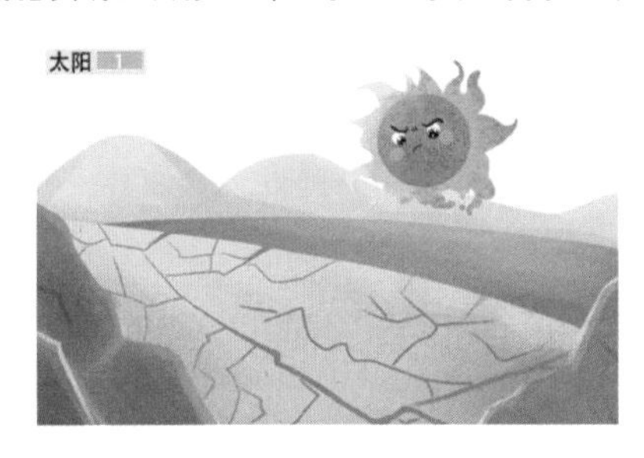

Step4：当天上只剩下一个太阳时，跳转到生机勃勃的画面，游戏成功。

项目3的第2个任务：在“游戏背景”下编程

导入“游戏背景”素材

聪聪 游戏过程是编程的重头戏，所以我们先导入素材包中的“游戏背景”。

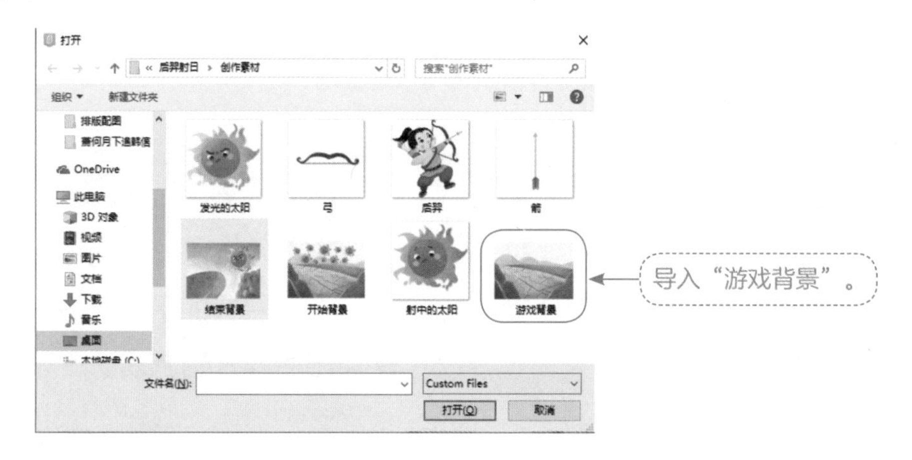

导入“太阳”角色素材

Step1：导入“太阳”角色。

美美 这个我学过，要使用“上传角色”的功能导入外来素材。不过，这个游戏中有多少个角色呢？

聪聪 我们可以预想一下。首先肯定要有太阳角色，另外还需要后羿、一把弓和一支箭。

美美 为什么弓和箭不能算作一个角色呢？

聪聪 因为我们在游戏过程中需要让箭射出去，它们是分离的。

美美 好，那我知道要导入哪些角色了。

聪聪 一开始就把所有角色都上传，会产生干扰，我们先点击“上传角色”，把“发光的太阳”上传，角色名称改为“太阳”。

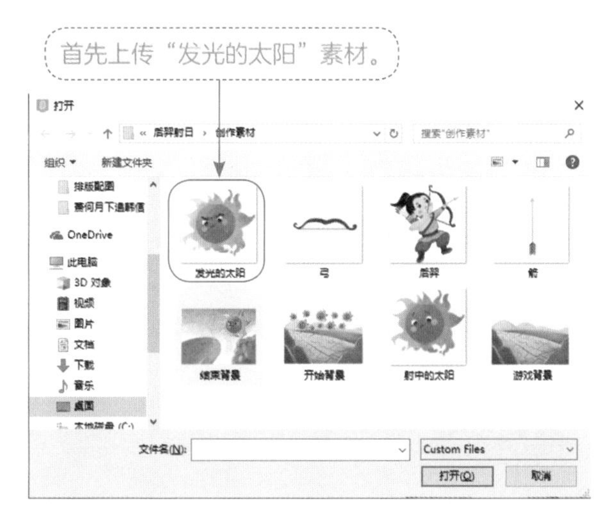

Step2：删掉不需要的角色。

聪聪 别忘了把默认的小猫角色删掉哦。

Step3：上传角色的不同造型。

美美 我发现素材包里面还有一个“射中的太阳”，这个怎么办呢？

聪聪 你看，如果太阳被射中，让它变换一个造型，这样可以给玩家一个反馈，也会让游戏更生动。所以，它应该是太阳的另外一种造型。

美美 好的！这个我也学过。先选中“太阳”角色，然后点击“造型”选项卡，在左边的“小猫脸”那里选择“上传造型”就可以啦！

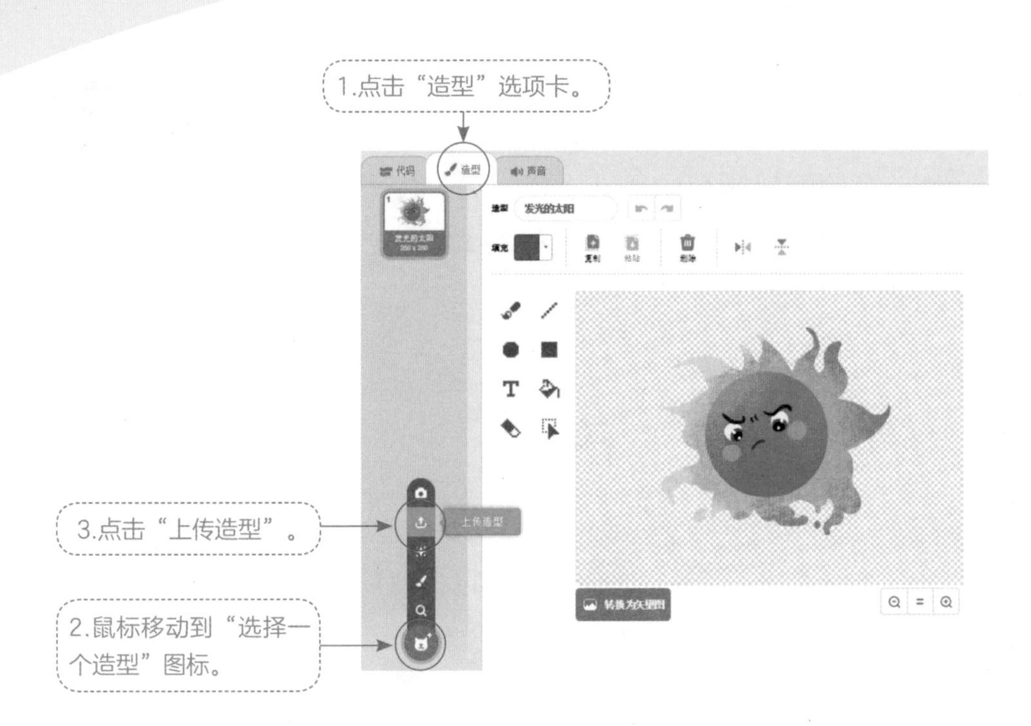

美美 好，我现在有两个造型的太阳啦！

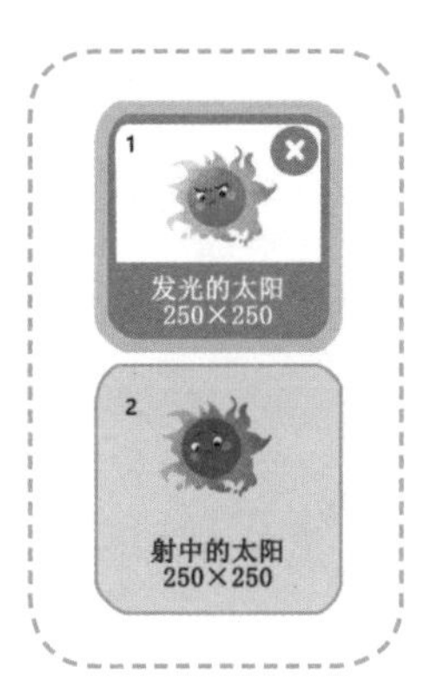

Step4：调整角色的大小。

聪聪 舞台中的太阳有些太大了，我们把角色大小设置为30。

为“发光的太阳”编写程序

Step1：添加太阳发光的动画效果。

聪聪 为了丰富游戏项目的呈现效果，是不是可以制作出太阳发光的动画效果呢？

美美 怎么才能让太阳看起来是发光的样子呢？

聪聪 可以通过它大小的不断变化来实现动画效果。你可以尝试使用外观代码块工具箱中的“将大小增加”代码块来改变角色的大小。这里让太阳角色的大小先增加1。

美美 我想让它再变小，可是没有找到“将大小减小”的代码块呀?

聪聪 其实，让角色变小，使用的还是“将大小增加”代码块，只不过让数值变成负数就可以了，我们可以使用指定循环次数的代码块来控制太阳角色大小的渐变效果。

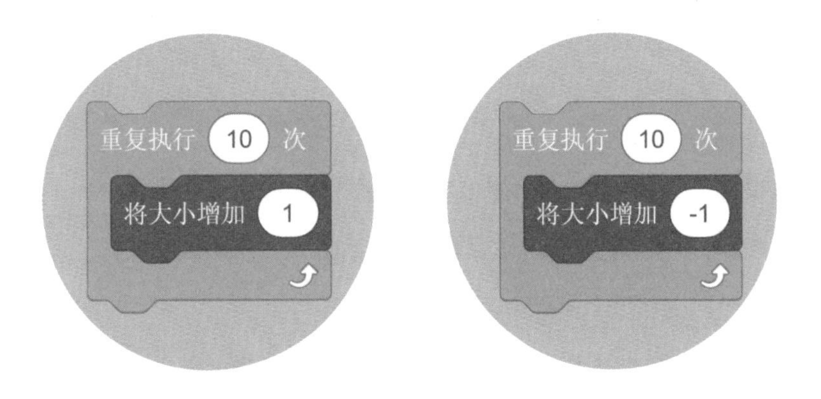

美美 太阳的大小变化似乎太快了，感觉不太对。

聪聪 我们可以使用“等待×秒”的代码块来调整太阳变化的速度，让它的效果更加自然。

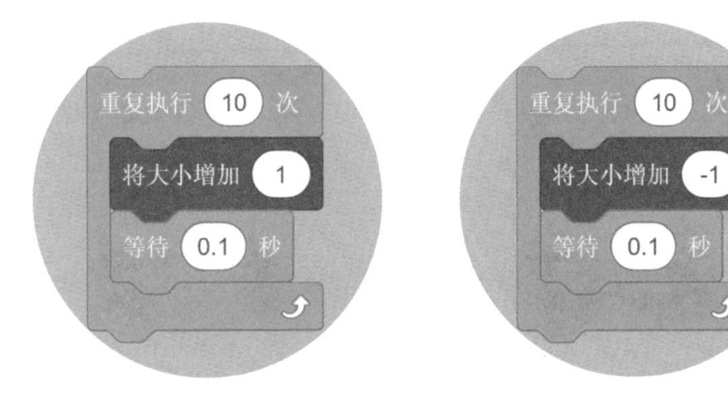

聪聪 最后，我们用“重复执行”代码块把它们包裹起来，使太阳的大小持续变化。在开始变化前最好通过代码块来设置太阳的初始大小为30，让它以此为基础进行大小变化。

```
当 ⚑ 被点击
将大小设为 30
重复执行
    重复执行 10 次
        将大小增加 1
        等待 0.1 秒
    重复执行 10 次
        将大小增加 -1
        等待 0.1 秒
```

Step2：设置太阳的随机移动效果。

聪聪 这个游戏的核心是要让玩家把太阳射下来，那么，太阳就不应该是固定不动的，我们让它随机移动，玩家要眼疾手快才行。

美美 随机移动我可不太会呢。

聪聪 你可以打开运动代码块工具箱看看，和随机有关系的代码块有哪些。

美美 我找到了两个，一个是“移到随机位置”，另一个是“在1秒内滑行到随机位置”。它们有什么区别呢?

聪聪 你可以分别在太阳角色中试一试这两个代码块有什么不同。

美美 我试了一下。如果使用“移到随机位置”，太阳是突然蹦过去的。

美美 如果使用“在1秒内滑行到随机位置”，它是滑动过去的。

美美 不过，有一个问题，太阳有时会跑到地面上，能不能只让它在天上随机移动呢？

聪聪 可以通过设置太阳的随机移动范围来控制，代码组是这样的。

美美 为什么x的数据是-240和240，y的数据是0和180？

聪聪 还记得这个舞台的坐标吗？最左边对应x的最小值-240，最右边对应x的最大值240，最上边对应y的最大值180，最下边对应y的最小值-180。

美美 哦，我明白了。代码块中设置y的随机范围是0~180，太阳就只能在舞台上方出现了，然后等待2秒，并且重复执行这组代码，让太阳每隔2秒随机换一个位置。

聪聪 你理解得很对。

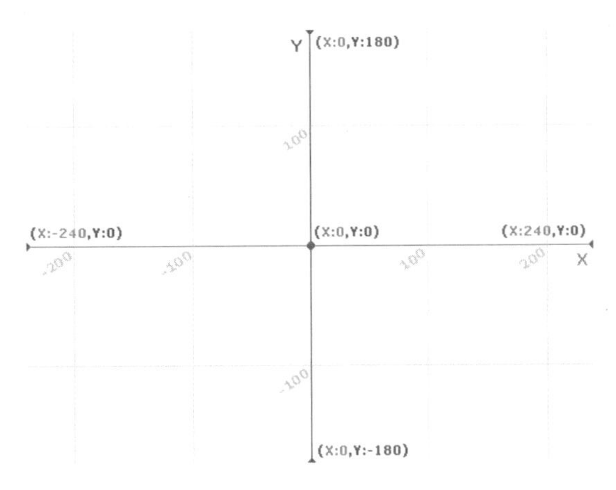

上传角色“弓”和“箭”

美美 我知道，还是使用“上传角色”的方式来添加角色。

聪聪 我们把弓的角色大小设置为50，位置设置为(x:0, y:−130)。

聪聪 你觉得箭的位置应该在哪里呢?

美美 箭应该做成和弓在一起的样子，所以位置也是(x:0, y:−130)，大小设置成50。

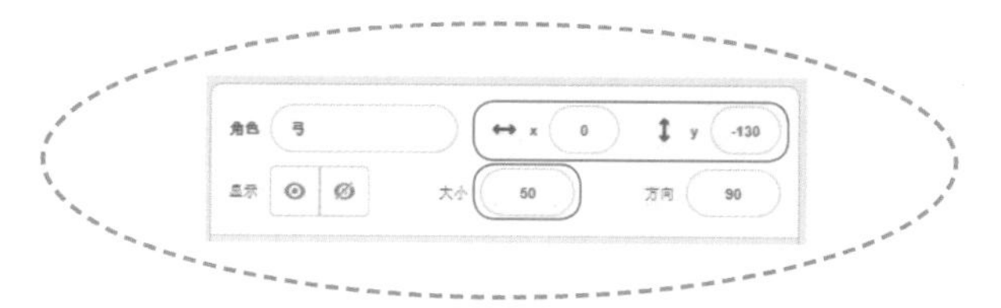

聪聪 非常好。

设置角色“弓”的旋转功能

聪聪 你设想一下，如果太阳是随机运动的，我们要用弓箭把太阳射下来，那需要弓和箭有什么功能呢?

美美 我觉得弓和箭应该能够被玩家操控，让玩家可以控制弓箭所指的方向，这样才能让玩家把太阳射下来!

聪聪 你说得很对。所以，我们应该给弓和箭设置一个控制它左转、右转的功能。先来看看“弓”角色的编程方法吧。记得先选中“弓”这个角色哦。

美美 我想到了！我可以让玩家用键盘上的左右箭头来控制。当按下“右箭头”时，让弓右转；当按下“左箭头”时，让弓左转。

聪聪 对了！我们看看代码组吧。

设置角色“箭”的旋转功能

聪聪 你觉得“箭”这个角色应该怎么动呢?

美美 箭应该和弓一起动呀，玩家按动左右箭头的时候，弓和箭应该同时运动，看起来像一体的。

聪聪 没错，所以弓和箭的旋转功能的代码块是一样的。我们可以把弓的代码块复制给箭。把代码组拖动到箭角色的图标上，松开鼠标，就复制过去了。

设置箭的射出效果

聪聪 为了让玩家能够用箭射中太阳，我们还需要给箭的角色设置一个射出的效果。

美美 可以按一下空格键就让箭发射。

聪聪 没问题！我们可以使用“当按下空格键”来当作这个动作的触发条件。接下来，就需要让箭移动了。

美美 用“移动10步”这个代码块可以吗?

聪聪 你试试看。

美美 哦，直接使用这个代码块的效果好像不太自然，而且不知道应该在数字那里填几比较合适。

聪聪 我们可以使用计次循环，用多次移动的方式来解决这个问题。你来试一试，每次移动几步，重复移动多少次比较合适。

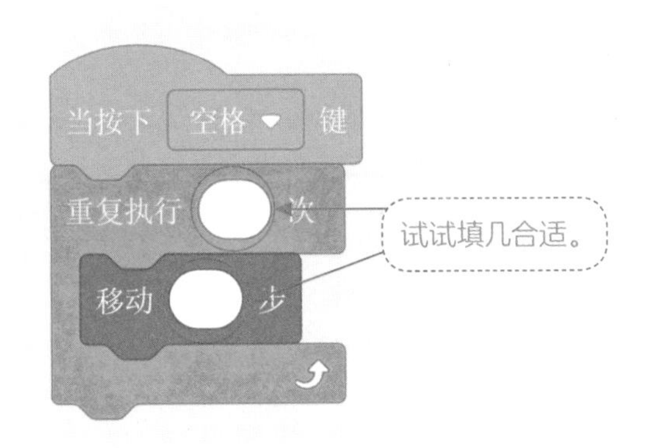

美美 我试了一下。我觉得每次移动20步，重复移动20次就可以了。

聪聪 很好。另外，别忘了，箭射出去以后，还要让玩家继续射下一次，让箭可以多次发射，所以要在重复执行之后，让箭返回到初始位置哦。

美美 好，我的程序编好了，我还添加了声音库中的射箭声“High Whoosh”。

设置箭的发射方向

美美 可是，我遇到了一个问题。虽然箭可以发射出去了，但是并没有沿着箭头的方向射出去，它是侧着身子出去的，效果不对呀。这该怎么办呢?

聪聪 你发现的问题很好。当角色被添加后，默认是面向90方向移动的，也就是向右的。要想让箭沿箭头的方向射出，只要让角色造型中的箭头朝向0方向就可以了，最简单的方法就是修改角色造型。

Step1：点击箭的“造型”选项卡，将图像转换为矢量图，使用选择工具选中箭的造型。

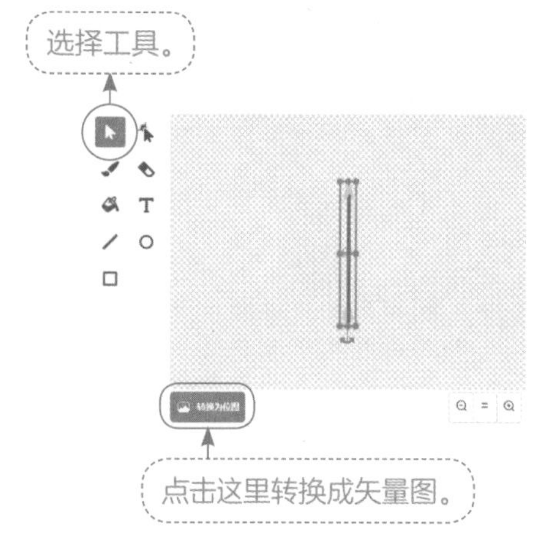

Step2：拖动外部控制点，将箭旋转为箭头向右的水平方向。

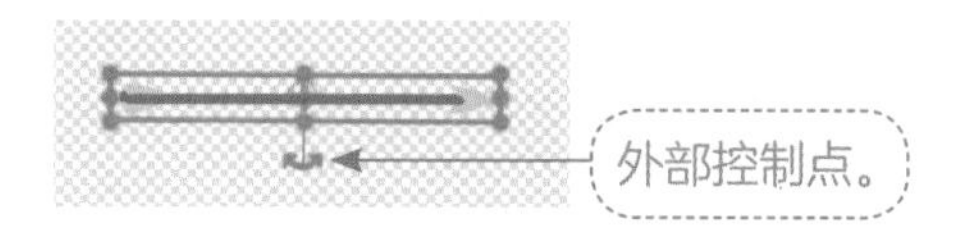

Step3：将角色的方向设置为0，使箭头朝上搭在弓上。

设置游戏计分功能

Step1：建立“太阳”变量。

聪聪 一共有10个太阳，要让玩家射下来9个。那么，屏幕上应该给玩家记录成绩，也就是做一个计分功能。你觉得我们应该在哪个角色中添加这个计分功能的代码块呢？

美美 嗯，因为是给太阳记录数字，我觉得应该把这个代码块添加到太阳角色上。

聪聪 那我们就选中太阳角色，然后点击变量代码块工具箱中的“建立一个变量”代码块，将变量命名为“太阳”。

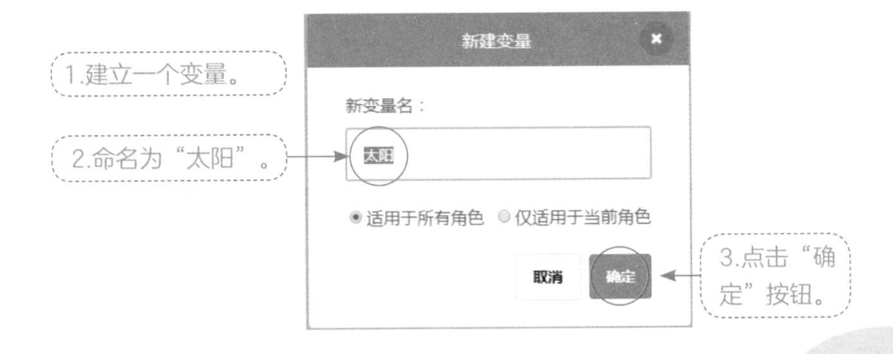

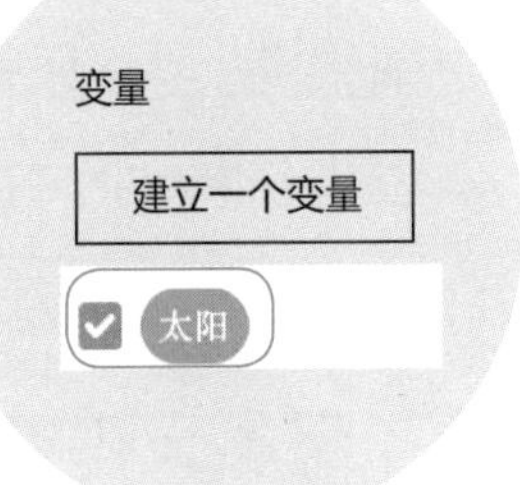

美美 我看到变量代码块工具箱中出现“太阳”这个代码块了。

聪聪 选中前面的“√”，变量太阳的值就会显示在舞台中了。

Step2：设置初始数字。

聪聪 然后，我们要让系统知道，从几开始计数。因为太阳一开始有10个，我们将变量初始值设为10。

Step3：设置计数器的触发功能。

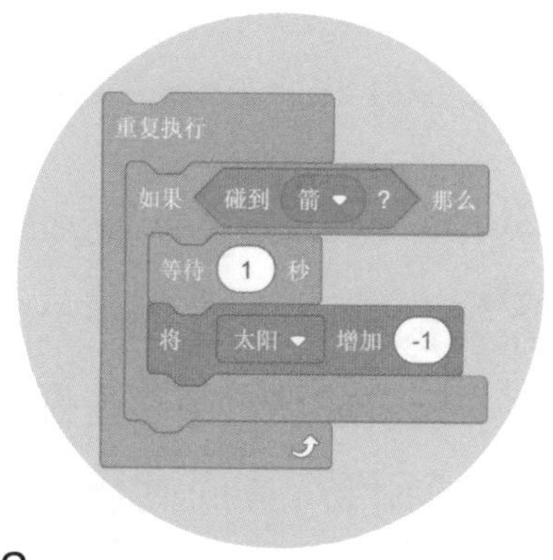

美美 然后怎么触发这个计数器呢？

聪聪 太阳被箭射中的时候，太阳数量就会减少。如果太阳碰到箭，那么太阳的数量就减少1个。

美美 为什么使用的是“将太阳增加”的代码块？

聪聪 因为没有“将太阳减少”的代码块呀。我们希望太阳的数量计数下降，在数字里面填负数就行了。

美美 为什么要等待1秒呢？

聪聪 程序运行的速度很快，如果不等待，程序会认为太阳被箭射中了多次。最后，别忘了这个代码组要重复执行哦，要让系统一直不停地侦测太阳有没有碰到箭。

太阳被射中后，要变换造型

聪聪 太阳被射中以后，我们可以让它变成另外一个样子，这样游戏会更加有趣。我们刚才已经导入了太阳的“射中的太阳”造型。只需要在刚才的代码组中“那么”后面增加一个“换成射中的太阳造型”代码块就可以了。

添加太阳被射中的声效

聪聪 接下来，我们给太阳添加被射中时的声效。在选中“太阳”角色的情况下，点击“声音”选项卡，然后点击“选择一个声音”，从素材库中加入“Teleport 2”，然后在代码组里面添加“播放声音Teleport 2”就可以了。最终完成的代码组是右边这样的。

项目3的第3个任务：设置其他背景

聪聪 一个完整的游戏就像一个好的故事一样，要有开头、经过和结尾。我们可以通过背景的变化来表现游戏的过程。

Step1：导入另外两个背景素材。

Step2：设置“开始背景”下的效果。

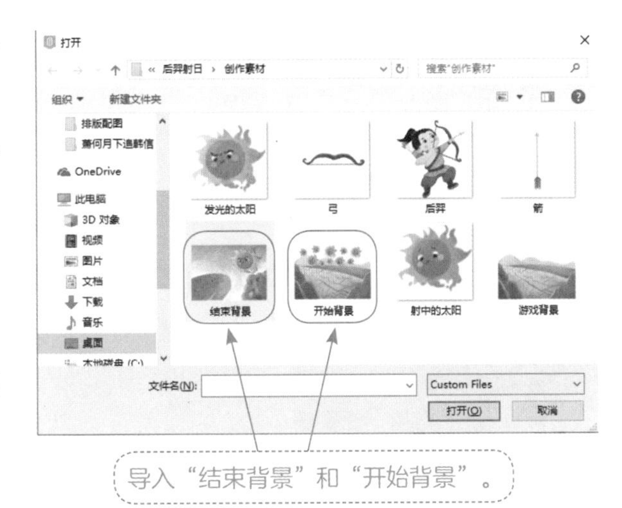

导入“结束背景”和“开始背景”。

聪聪 点击“背景”选项卡，先选中“开始背景”。在开始背景中，上传“后羿”角色。

美美 那其他角色呢？

聪聪 太阳、弓和箭只有在进行游戏时才显示，在开始背景和结束背景中应该都切换为隐藏。

太阳、弓和箭的代码组。

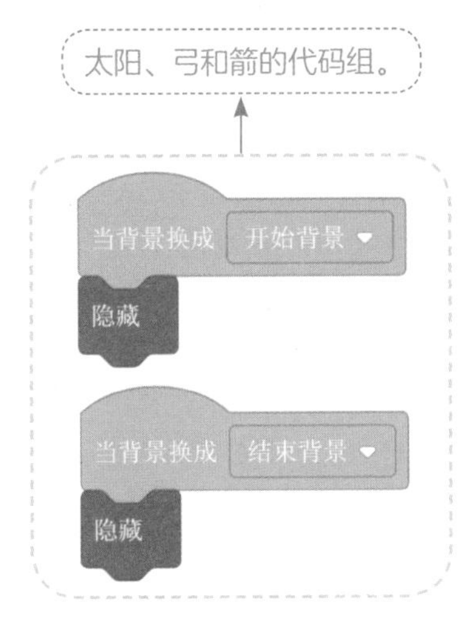

美美 那我分别选择这些角色，通过代码块将它们设置为隐藏。

美美 游戏的开始画面就像这样，然后要怎么开始游戏呢？

聪聪 可以点击“后羿”这个角色开始游戏。不过，我们得提醒一下玩家哦，所以要让后羿“说话”。

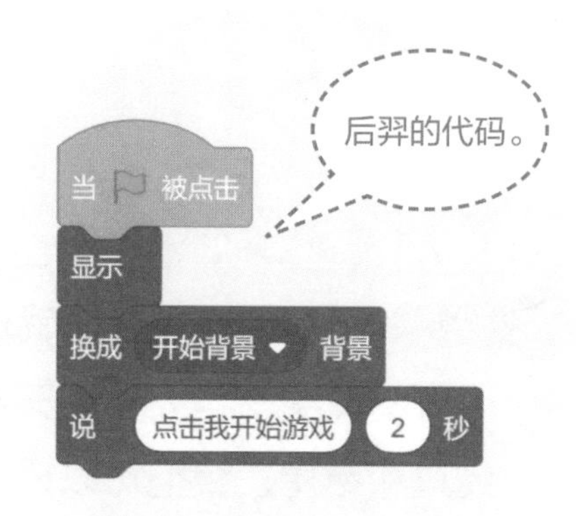

美美 点击后羿开始游戏，要怎么编程呢?

聪聪 你可以试试让背景切换到“游戏背景”，同时，后羿隐藏起来。这样，后羿的代码就编写好了。

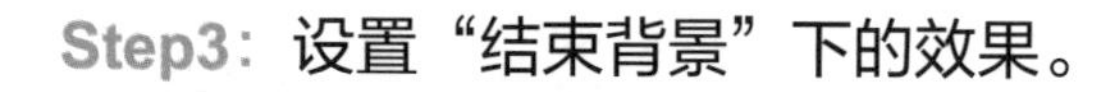

Step3：设置“结束背景”下的效果。

美美 那什么时候切换到“结束背景”呢?

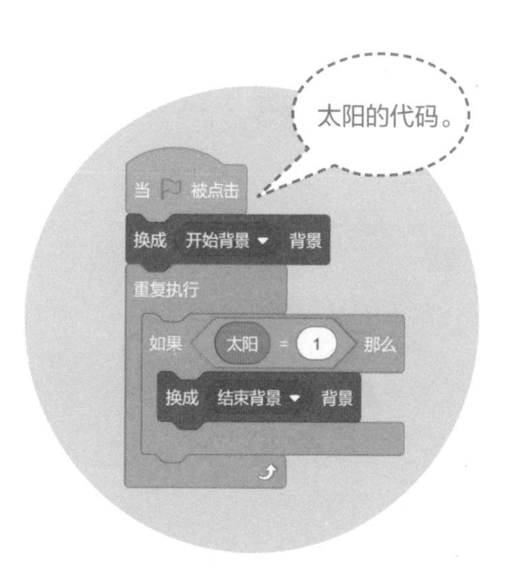

聪聪 当10个太阳只剩下1个的时候呀。

美美 看来又要用到变量和条件判断了。

聪聪 你的进步很大呦，我们选择“太阳”角色，添加代码块。

项目3的第4个任务：程序调试

聪聪 制作一个完整的游戏需要不断地进行调试，我做了一个表格，理清思路，你看看能否让你的思路更加清晰？

	当背景换成 开始背景	当背景换成 游戏背景	当背景换成 结束背景
发光的太阳	隐藏	发光动画效果， 随机位置移动， 当碰到箭时造型变化	隐藏
后羿	说“点击我开始游戏”	隐藏	隐藏
弓	隐藏	方向键控制转动	隐藏
箭	隐藏	方向键控制转动， 空格键控制发射	隐藏

聪聪 你可以根据这个表格，检查每一个角色在不同背景下是否正确设置了隐藏与显示，每一个角色的动作是否都通过代码块正常实现了，另外还可以再为游戏添加个好听的背景音乐。

美美 全部都完成了，我们一起来检查一下吧。

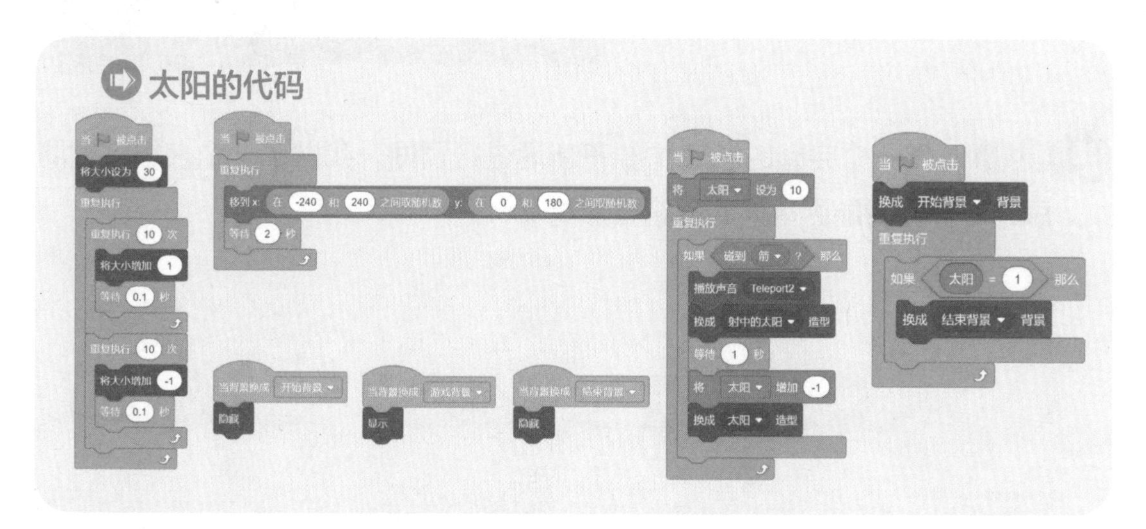

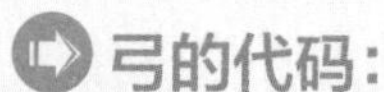

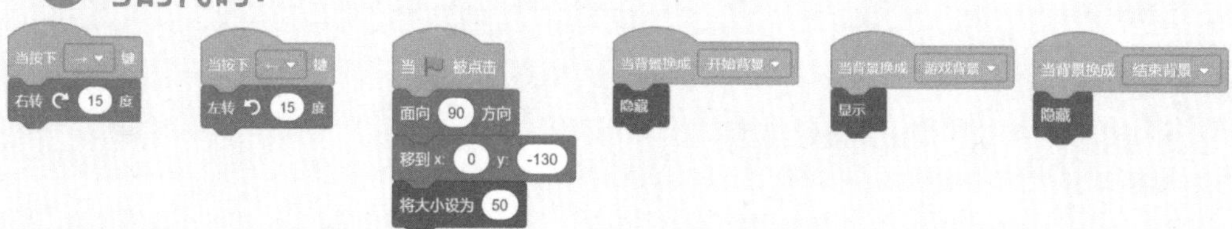

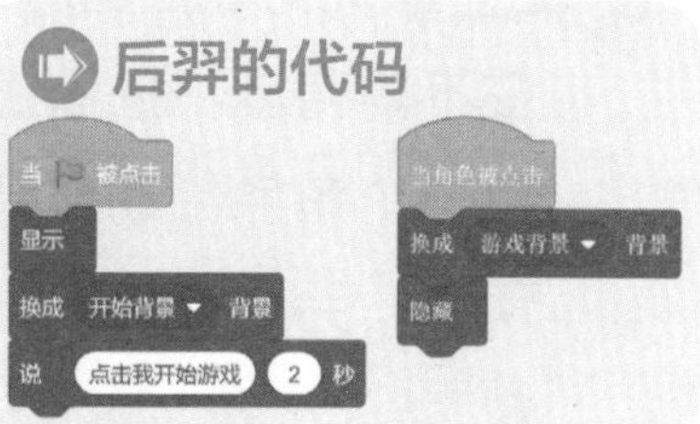